常见鼠类生态与鼠害持续控制研究

——呼和浩特地区

张福顺　杨玉平　董维惠　著

中国农业科学技术出版社

图书在版编目（CIP）数据

常见鼠类生态与鼠害持续控制研究：呼和浩特地区 / 张福顺，杨玉平，董维惠著. —北京：中国农业科学技术出版社，2018. 3

ISBN 978-7-5116-2843-5

Ⅰ. ①常… Ⅱ. ①张…②杨…③董… Ⅲ. ①鼠害-防治-研究-呼和浩特 Ⅳ. ①S443

中国版本图书馆 CIP 数据核字（2016）第 278845 号

本书由中国农业科学院科技创新工程牧草病虫害灾变机理与防控团队（CAAS-ASTIP-IGR），内蒙古自然科学基金项目（2015MS0390，2017MS0380），中央级公益性科研院所基本科研业务费专项资金项目（1610332015012）资助

责任编辑 李冠桥
责任校对 马广洋

出 版 者 中国农业科学技术出版社
北京市中关村南大街 12 号 邮编：100081
电 话 (010)82109705(编辑室) (010)82109704(发行部)
(010)82109709(读者服务部)
传 真 (010)82106625
网 址 http://www.castp.cn
经 销 者 各地新华书店
印 刷 者 北京富泰印刷有限责任公司
开 本 710 mm×1 000 mm 1/16
印 张 11. 75
字 数 209 千字
版 次 2018 年 3 月第 1 版 2018 年 3 月第 1 次印刷
定 价 39. 00 元

#《常见鼠类生态与鼠害持续控制研究
——呼和浩特地区》

著者名单

主　著：张福顺　杨玉平　董维惠

参　著：蔡丽艳　王利清　张　勇

王　海　赵海霞　尹　强

徐林波　高书晶　韩海滨

前　　言

草原是人类重要的自然资源和生态屏障，我国拥有4亿公顷天然草原，三分之二以上在北方，主要分布在从东北平原经内蒙古高原、黄土高原至青藏高原南缘。宽阔的草原是我国发展草原畜牧业的重要基地，草原是可再生资源，合理保护和利用草原具有十分重要的意义。正常情况下，草原上分布着许多种飞禽走兽和上百种草原鼠类，它们是草原生态系统中重要成员。一方面，草原鼠类取食牧草是草原食物链中的初级消费者；另一面，它们又是草原猛禽和食肉动物的主要食源，是草原食物链中的次级生产者，具有双重作用。在正常年份草原生态系统处于相对平衡状态，适量的草原鼠类数量不会对草原造成危害，而有利于草原生态平衡。

我国草原分布在干旱半干旱气候条件下形成一种特定的生态系统，比较脆弱。由于多年来缺乏可持续发展的观念，缺乏人和自然界及其他生物和谐共处的观念。自20世纪60年代以来草原上单纯追求发展牲畜头数，牲畜数量增多使草原长期过度放牧不合理利用草原，使草原退化。退化草原为某些草原害鼠提供了适宜的生存环境，鼠的数量猛增对草原造危害，影响草原畜牧业的发展。草原鼠害发生后，国家和地方政府十分重视，从20世纪70年代开始，每年都拨专款用于防治草原鼠害。

自1958年青海省发生草原鼠害开始自今已50多年，早先单纯利用化学药物防治，多为急性杀鼠剂如磷化锌等。哪里鼠害严重就在哪里用化学杀鼠剂防治，不考虑杀鼠后对环境的影响，更不考虑鼠害发生的原因。有的地方还使用过具有二次中毒的杀鼠剂氟乙酰胺（1081），该杀鼠剂不但能杀死害鼠还能杀死鼠类天敌和其他有益的经济动物和多种鸟类，杀鼠的诱饵多为小麦莜麦等鸟类喜食的粮食，污染环境，直到20世纪80年代才禁止使用。后来逐步改进使用抗凝血杀鼠剂和C型肉毒素等，还试验研究用绝育剂治鼠。经过进一步的试验研究，从鼠类与草场关系入手，采用围栏禁牧改良草场等方法使草场植被恢复，造成不适宜害鼠大量繁殖的环境等，开展以生态控制为主的综合防治。

多少年来草原鼠害防治工作一直处在被动盲目治理的阶段，鼠害牵着人们走，为改变这种被动局面，中国农业科学院草原研究所鼠害研究课题组从1984年开始，开展了连续30多年的定位监测研究。以内蒙古自治区草原为基地，建立了6个长期定点监测站（点）。每年4—10月或5—9月中旬在各站（点）布放鼠夹进行调查，积累了大量数据，对8种主要害鼠建立了短期（1~2个月）、中期（半年）、长期（1~15年）预测公式30多个，自1991年开始每年发布《鼠情预报》40多期，预测准确率达85%以上，及时向领导部门和生产单位呈送，为领导部门决策和指导生产单位灭鼠起到了积极作用，克服了草原盲目灭鼠的局面。同时开展了对多种害鼠数量变动规律的研究，经过多年的研究和实践于2000年我们提出了草原主要害鼠持续控制技术。2001年编著出版了《草原鼠类生态及其控制》一书，2005年《草原几种主要害鼠种群数量变动规律与持续控制》由农业部主持并通过鉴定，当年出版《草原主要害鼠数量变动规律与持续控制》论文集。2006年获得中国农业科学院科学技术成果二等奖。获得2008年内蒙古科技进步三等奖并在草原系统中推广应用。

经过推广研究不断完善已形成一整套草原鼠害持续控制技术，主要包括：草原主要害鼠数量监测站（点）；监测站（点）主要害鼠生态特征及种群数量变动规律；建立短中长期预测模型开展预测预报发布鼠情报告；根据害鼠数量变动规律，在数量上升期利用抗凝血杀鼠剂或C型肉毒梭菌毒素进行防治，防止优势鼠种数量向高峰期发展，在数量低谷期开展以生态治理为主的综合防治，造成不适宜鼠类向高密度发展的环境，注意保护鼠类天敌，把害鼠数量长期保持在低密度时期，长期达到不为害的程度，实现草原鼠害的持续控制。草原鼠害持续控制技术经过多年的研究，得到多项研究课题资助才得以完成，这些课题项目是：农业部重点研究课题①1984—1985年“草原鼠病虫害调查及防治研究”（编号为84-牧-1-22），②1986—1990年“黑线仓鼠和五趾跳鼠生物学特性及综合防治研究”（75-牧-02-09-01），③1986—1990年“七·

五”国家攻关专题“农牧区鼠害综合防治技术”的子专题“典型草原布氏田鼠综合防治技术”（75-03-04-02-05），农业部重点课题④1991—1995年“内蒙古不同类型草场主要害鼠数量监测研究”（85-牧-04-05），⑤1996—2000年“内蒙古中西部草原主要害鼠数量监测及综防技术”（95-牧-02-07-08），⑥1994—1996年中国农业科学院青年基金课题“黑线仓鼠种群数量变动机理研究”，⑦1998—2000年中国农业科学院院长基金课题“鄂尔多斯沙地草场小毛足鼠数量动态及变动机制研究”，⑧2001—2004年农业部草地资源生态重点开放实验室及草原所所长基全资助项目“黑线仓鼠和长爪沙鼠种群数量变动规律及预测预报研究”，⑨2005—2009年，国家科技攻关课题“牧区害鼠发生为害规律及监控技术研究与示范”。

30多年来参加过该项研究的有中国农业科学院草原研究所科技人员董维惠、侯希贤、杨玉平、张鹏利、周延林、鲍伟东、孙双印、王利民、王利清、张福顺、孙长江、武福柱和谢永凤等同志。协作单位的有内蒙古草原工作站的赵明礼、乔峰，锡林郭勒盟草原工作站的宝祥和锡林郭勒盟鼠疫防治站的张耀星、郎炳聚、薛小平等同志以及同我们长期工作的农民工郭开明同志等。在课题执行期间得到农业部畜牧兽医司及其草原处、科技处、全国畜牧总站、中国农业科学院科技局、内蒙古草原工作站、中国农业科学院草原研究所，历届领导的鼓励、支持和资助，在此一并表示衷心感谢。本项研究工作年代跨度较长，著者水平有限，全书内容还存在一定的不足之处，敬请诸位同行和读者批评指正。

著　者

2017年6月15日于呼和浩特

目　录

第一章　呼和浩特地区自然概况及调查研究方法

第一节　呼和浩特地区自然概况

一、地理位置

“呼和浩特”是蒙古语音译，意为“青色的城”，是内蒙古自治区（以下简称内蒙古）首府，全区政治、经济、文化和金融中心，是国家森林城市、全国民族团结进步模范城、全国双拥模范城、国家创新型试点城市和中国经济实力百强城市，被誉为“中国乳都”。全市总面积 1.72 万 km^2，常住人口 294.5 万，是以蒙古族为主体，汉族占多数，回、满、达斡尔、鄂温克等 41 个民族聚居的城市。现辖 4 区、4 县、1 旗和 1 个国家级经济技术开发区（其中下辖 1 个国家级出口加工区）。呼和浩特北依大青山、南濒黄河水，地形东北高、西南低，地势平缓，市区平均海拔 1 050 m。四季变化明显，气候宜人。

境内主要分为两大地貌单元，即北部大青山和东南部蛮汉山为山地地形。南部及西南部为土默川平原地形。地势由北东向南西逐渐倾斜。海拔最高点在大青山金銮殿顶部，高度为 2 280 m，最低点在托克托县中滩乡，高度为 986m，市区海拔高度为 1 040 m。大青山为阴山山脉中段，生成很多纵向的山脉山峰。境内，由西向东主要山峰有九峰山、金蜜殿山、蟠龙山、虎头山等，东南部是蛮汉山。

二、水文概况

呼和浩特地区的河流有大黑河、小黑河、什万立米水磨沟，流域面积为 1 380.9 km^2，沟长为 68.2km，年平均径流量为 4 972 万 m^3。1958 年在沟口兴建红领巾水库 1 座，库容为 1 650 万 m^3，灌溉面积为 11 万亩（1 亩≈667m^2 全书同）。哈拉沁沟，沟长为 55.6km，流域面积为 708.7km^2，年均径流量为 2 622 万 m^3。全市河流总长度为 1 075.8 km，河网密度为 0.177km/km^2。地下水分为浅层水含水层和深层水含水层。浅层水含水层包括浅层潜水及半承压水等。地下水埋藏深度、水质、水量均由北向南呈有规律的变化，全市浅层地下水年补给量为9.87亿m^3。

三、气候特征

呼和浩特地区属典型的蒙古高原大陆性气候，四季气候变化明显，年温差大，日温差也大。其特点：春季干燥多风，冷暖变化剧烈；夏季短暂、炎热、少雨；秋季降温迅速，常有霜冻；冬季漫长、严寒、少雪。

年平均气温：北低南高，北部大青山区仅2℃左右，南部为6.7℃。最冷月气温-16.1～-12.7℃；最热月平均气温17～22.9℃。平均年气温较差为34.4～35.7℃，平均日气温较差为13.5～13.7℃。极端最高气温38.5℃，最低气温-41.5℃。

无霜期：北部山区为75d，低山丘陵区110d，南部平原区为113～134d。

日照时间：年均1 600h。

降水量：年平均降水量为335.2～534.6mm，且主要集中在7—8月。其地域分布是西南最少，年均降水量仅350mm；平原区在400mm左右；大青山区在430～500mm；最多是大青山乡一前响村，年均降水达到534.6mm；其次是井乡，年均降水量为489.3mm；最少是在南坪乡、黑城乡、新营镇一带，年均降水量仅为335.2～362.8mm。

四、矿产资源

呼和浩特地区大青山蕴藏着丰富的矿产资源，现已探明的有20多种，矿产地有85处，其中大型4处，中型3处，小型15处，矿点和矿化点63处。矿产规模以矿点及矿化点居多，工业矿床较少。除少数矿产地外，大多数矿产地开发利用较低，仅为普查阶段。其品种非金属矿产主要有石墨、大理石、花岗岩、石棉、云母、沸石、珍珠岩、膨润土、水晶、紫沙陶土等，以建筑材料为主，仅有少量冶金辅料和特种金属矿。大理石、花岗岩、石墨及拂石矿为优势种。能源矿产主要有煤及泥炭。贵金属、稀有金属和放射性矿产主要有金、绿柱石以及伟晶岩型铀、钍。普通金属矿产主要有铁、铜、铅、锌。

五、生物资源

呼和浩特地区野生植物主要有种子植物和蕨类植物。动物种类也较多，其中雉、半翅、雕，鹰等100多种。其中列入国家重点保护的动物有青羊、云豹。鸟类有金雕、雀鹰、松雀鹰、燕鹰、灰背鹰、猫鹰、红鹰、小鹤、长耳鹤、短耳鹤，雕鹤、红角鹤等10多种。

第二节　调查研究方法

1984年，在呼和浩特郊区（中国农业科学院草原研究所试验场，现为农牧交错区试验示范基地）设置了鼠害长期监测样地，选择了不同生境类型对鼠类种群动态和繁殖特征进行了多年连续的监测取样。

1984—2013年每年4月至10月中旬，在试验场的苜蓿地、沙打旺地附近农田和放牧场内，用直线夹日法调查，每块样地布放100~200个夹日，行距50m，夹距5m，花生米作诱饵。捕获的鼠按常规称量体重，测量体长、尾长、耳长和后足长后分类进行解剖，详细记录繁殖状况。

第二章　呼和浩特地区的鼠类群落组成及其动态特征

第一节　呼和浩特地区的鼠类群落组成

一、鼠类群落组成

1984—2013 年，每年 4—10 月共捕获鼠 11 213 只，经鉴定隶属 4 科 8 种。1984—2013 年呼和浩特地区鼠类群落组成见表 2-1 和表 2-2。

松鼠科（Dciuridae）：达乌尔黄鼠（*Spermophilus dauricus*）共捕获 53 只，占总捕获鼠的 0. 47%，居第六位，属于常见种。

跳鼠科（Dipodidae）：五趾跳鼠（*Allactaga sibirica*）共捕获 1 251 只，占 11. 16%，居第三位。

仓鼠科（Cricetidae）：本科共有 4 种，分别是黑线仓鼠（*Circetulus balabensis*）共5 942只，占 52. 99%，是呼和浩特地区优势种之一，居第一位；长爪沙鼠（*Meriones unguiculatus*）共 3 741 只，占 33. 36%，是本地区优势种之一，居第二位；子午沙鼠（*Meriones meridianus*）共 24 只，占 0. 21%，是少见种，居第七位；小毛足鼠（*Phodopus roberovskii*）共 108 只，占 0. 96%，是常见种，居第四位。

鼠科（Muridae）：本科共 2 种,小家鼠（*Mus muculus*）共 90 只，占 0. 80%，居第五位；褐家鼠（*Rattus norvegicus*）共 4 只，占 0. 04%，居最后一位，属偶见种。

由以上资料看出黑线仓鼠和长爪沙鼠为呼和浩特地区的优势种，五趾跳鼠仅在 1990 年占 57. 63%，为当年的优势种，其余各年均未超过 50%，为常见种，其余几种鼠为少见种或偶见种。

表 2-1　呼和浩特地区鼠类的捕获数　　（只）

年份	黑线仓鼠	五趾跳鼠	长爪沙鼠	子午沙鼠	达乌尔黄鼠	小毛足鼠	小家鼠	褐家鼠	总捕获数
1984	521	7	0	6	2	0	10	0	546
1985	595	31	0	3	4	0	22	0	655
1986	349	102	0	4	2	1	3	3	464
1987	246	234	0	4	13	2	3	0	502
1988	242	161	0	1	3	63	3	0	473
1989	193	126	8	2	20	19	2	0	352
1990	92	136	7	0	0	1	0	0	236
1991	226	159	10	0	0	6	0	0	401
1992	174	29	298	0	8	9	4	0	522
1993	189	22	450	0	1	0	0	0	662
1994	111	14	970	0	0	1	0	0	1 096
1995	53	1	1 003	0	0	0	0	0	1 057
1996	192	8	389	0	0	0	0	0	589
1997	324	9	138	0	0	4	0	0	475
1998	262	37	88	0	0	0	0	0	387
1999	268	42	49	0	0	1	0	0	360
2000	346	41	43	0	0	0	0	0	430
2001	350	49	65	0	0	0	15	1	480
2002	122	11	211	0	0	0	0	0	350
2003	245	8	8	0	0	0	11	0	272
2004	190	11	2	3	0	1	4	0	211
2005	172	3	1	0	0	0	2	0	178
2006	86	0	1	0	0	0	0	0	87
2007	90	1	0	0	0	0	0	0	91
2008	69	3	0	0	0	0	0	0	72
2009	96	0	0	0	0	0	2	0	98
2010	64	3	0	0	5	0	3	0	75
2011	31	2	0	1	5	0	0	0	39
2012	16	1	0	0	4	0	2	0	23
2013	22	0	0	0	4	0	4	0	30
合计	5 942	1 251	3 741	24	53	108	90	4	11 213

表 2-2 呼和浩特地区鼠类的捕获量比例 (%)

年份	黑线仓鼠	五趾跳鼠	长爪沙鼠	子午沙鼠	达乌尔黄鼠	小毛足鼠	小家鼠	褐家鼠
1984	95.42	1.28	0	1.10	0.37	0	1.83	0
1985	90.84	4.73	0	0.46	0.61	0	3.36	0
1986	75.22	21.98	0	0.86	0.43	0.22	0.65	0.65
1987	49.00	46.61	0	0.80	2.59	0.40	0.60	0
1988	51.16	34.04	0	0.21	0.63	13.32	0.63	0
1989	54.83	35.80	2.27	0.57	0.57	5.40	0.57	0
1990	38.98	57.63	2.97	0	0	0.42	0	0
1991	56.36	39.65	2.49	0	0	1.50	0	0
1992	33.33	5.56	57.09	0	1.53	1.72	0.77	0
1993	28.55	3.32	67.98	0	0.15	0	0	0
1994	10.13	1.28	88.50	0	0	0.09	0	0
1995	5.01	0.09	94.89	0	0	0	0	0
1996	32.60	1.36	66.04	0	0	0	0	0
1997	68.21	1.89	29.05	0	0	0.84	0	0
1998	67.70	9.56	22.74	0	0	0	0	0
1999	74.74	11.67	13.61	0	0	0.28	0	0
2000	80.47	9.53	10.00	0	0	0	0	0
2001	72.92	10.21	13.54	0	0	0	3.13	0.21
2002	36.57	3.14	60.29	0	0	0	0	0
2003	90.07	2.94	2.94	0	0	0	4.04	0
2004	90.05	5.21	0.95	1.42	0	0.47	1.90	0
2005	96.63	1.96	0.56	0	0	0	1.12	0
2006	98.85	0	1.15	0	0	0	0	0
2007	98.90	1.10	0	0	0	0	0	0
2008	95.83	4.17	0	0	0	0	0	0
2009	97.96	0	0	0	0	0	2.04	0
2010	85.33	4.0	0	0	6.67	0	4.00	0
2011	79.49	5.13	0	2.56	12.83	0	0	0
2012	69.57	4.35	0	0	17.39	0	8.70	0
2013	73.33	0	0	0	13.33	0	13.33	0
合计	52.99	11.16	33.36	0.21	0.47	0.96	0.80	0.04

二、鼠类群落动态

1. 群落组成的变化

连续30年的调查结果表明，鼠类组成有年际差别，在1984—1989年、1991年、1997—2011年、2003—2013年，黑线仓鼠为优势种，在群落组成中占50%以上（仅1987年为49.1%）；1992—1996年和2002年长爪沙鼠为优势种，在群落组成中占60%以上（仅1992年为57.09%）；1990年五趾跳鼠为优势种占57.63%。30年中其余几种鼠均为偶见种。从以上数字可以看出，30年中，不同年间优势种不一样，当一种鼠占绝对优势后，其他鼠种的数量就减少，有的鼠种甚至完全消失。

Grant（1972）认为，同一地区鼠类群落中，一种鼠数量上升，会引起另一种鼠的数量下降。这一结论与我们在该地区连续30年的资料十分吻合。1984—1985年黑线仓鼠数量占群落组成的90%以上，其他鼠种数量大幅下降，甚至另一个优势种长爪沙鼠完全消失，捕获率为0%。1992—1996年和2002年长爪沙鼠在群落中占绝对优势时，群落中鼠的种类少，除1992年种类较多外，其余各年多为3种鼠，即黑线仓鼠、长爪沙鼠和五趾跳鼠，1992—1996年和2003年五趾跳鼠在群落中最多不超过6.0%。1993年和1994年群落中有4种鼠，第4种鼠在群落中不足1.0%，数量是很少的。

从表2-1和表2-2中看出在群落中子午沙鼠不与长爪沙鼠同时出现。这两种鼠虽然在形态结构上十分相似，分类地位也很近，同属沙鼠亚科，只是长爪沙鼠为白昼活动型，子午沙鼠为夜间活动型，在活动时间上也互不干扰，但是它们却不在同一生境中栖息。在以长爪沙鼠为优势种的群落中，几乎找不到子午沙鼠。两种鼠同年度仅在1989年和2004年两年中先后出现过，长爪沙鼠分别在群落中占2.7%（1989）和0.95%（2004），而子午沙鼠分别占0.57%和1.42%，它们的数量都很少。

2. 种群数量的变动

30年中各年的群落总捕获率及优势种黑线仓鼠、长爪沙鼠和五趾跳鼠数量变动见图2-1。

由图2-1可看出，群落数量变动曲线呈现双峰型，第1高峰出现在1984年，平均捕获率为7.82%，第2高峰在1994年，年平均捕获率为7.07%，也正好分别是黑线仓鼠和长爪沙鼠处在变动的最高峰。而且黑线仓鼠年均捕获率最高峰正好是长爪沙鼠年均捕获率的最低谷，相反1994年是长爪沙鼠的最高峰也是黑线仓鼠的最低谷年。两种鼠数量变动数值呈显著负相关，相关系数r=

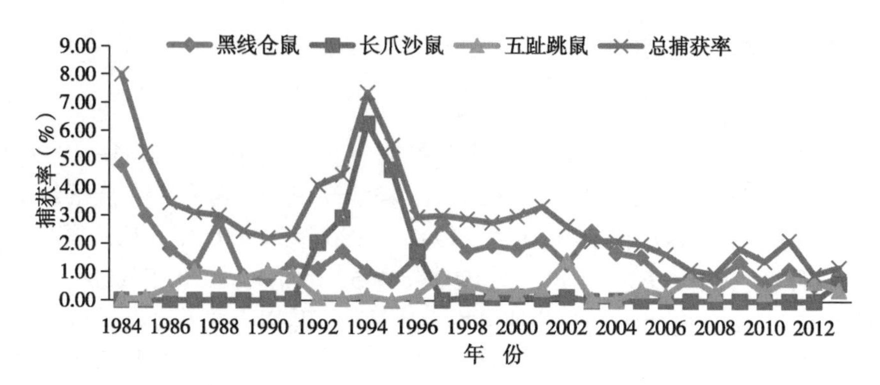

图 2-1 长爪沙鼠、黑线仓鼠、五趾跳鼠和群落总捕获率动态

$|-0.589|>r_{0.05}=0.497$（df=14）。五趾跳鼠的情况是当黑线仓鼠数量占优势时，五趾跳鼠与黑线仓鼠的数量相关系数，$r=|-0.849|>r_{0.01}=0.834$（df=6），呈非常显著负相关，而不受其他鼠种数量的影响，彼此之间无相关性；当长爪沙鼠为优势种时，五趾跳鼠与长爪跳鼠的相关系数 $r=|-0.579|>r_{0.05}=0.576$（df=10），呈显著负相关，也不受其他鼠数量的影响。

可以看出，在同一个地区，两个优势鼠种的上升或下降，总是在交替地进行，它们不会同时形成危害，两个优势鼠种的数量相互制约。

鼠的年均数量变动一般都经过低谷期、上升期、高峰期、下降期 4 个阶段。30 年中长爪沙鼠已完成了 1 个数量变动周期，经历了 14~16 年：1984—1991 年为低谷期，1992—1993 年为上升期，1994 年为高峰期，1995—1996 年为下降期，1997—2013 年为下一个周期的低谷期。

黑线仓鼠数量变动周期较长，30 年来还未完成一个变动周期，1984 年为高峰期，1985—1996 年为下降期，1987—2013 年一直处在低谷期。从长爪沙鼠变动周期中看出，上升期和下降期所需的时间是相同的，高峰期为 1 年，下降期为 2 年，以此推理，黑线仓鼠的上升期也应为 2 年。二者差别就在低谷期，低谷期可长也可短。

五趾跳鼠的年间变动周期，由于受黑线仓鼠和长爪沙鼠的双重影响，截至目前，该鼠的数量变动周期尚未表现出来。

第二节 呼和浩特地区鼠类群落的演替特征

呼和浩特地区鼠类群落是指该地区的各种鼠类相互作用的种群的集合体。

在呼和浩特地区鼠类群落由一个类型转变为另一个类型的有顺序的演变过程，称为鼠类群落演替。

在某一地区鼠类群落演替多数是在非人类因素干扰下自然演替的。但是在近代和现代社会中某一地区的鼠类群落演替多为人为因素干扰造成的。在自然情况下，某个优势种的数量达到最高值（顶级状态）后，其数量必然会显著下降，就会引起群落发生变化，在典型草原和荒漠草原上，鼠类群落演替现象常常发生。在内蒙古锡林郭勒典型草原上，经过12年连续调查，布氏田鼠数量达到最高峰之后出现了群落演替。经过连续30年的调查，呼和浩特地区鼠类群落演替不断发生，可分为以下几个不同的阶段。

（1）1984—1989年以黑线仓鼠+五趾跳鼠为主的群落。

1984年和1985年黑线仓鼠在群落中占绝对优势，分别为95.42%和90.84%，五趾跳鼠分别占1.28%和4.73%。

1984—1989年黑线仓鼠所占比例逐年下降，分别为75.22%、49.00%、51.16%和54.83%，五趾跳鼠所占比例逐年上升，分别为21.98%、46.61%、34.04%和35.80%，到1990年演替为以五趾跳鼠为主的群落。

（2）1990年为五趾跳鼠+黑线仓鼠群落。五趾跳鼠占57.63%，黑线仓鼠占38.98%。

（3）1991年为黑线仓鼠+五趾跳鼠+长爪沙鼠群落。黑线仓鼠占56.36%，五趾跳鼠占39.65%，长爪沙鼠占2.94%。

（4）1992—1996年为长爪沙鼠+黑线仓鼠+五趾跳鼠群落。5年中长爪沙鼠占了优势，分别为57.09%、67.98%和88.58%，最高升至94.89%，之后下降至66.04%，黑线仓鼠和五趾跳鼠所占比例在减少，至1996年黑线仓鼠上升至32.60%。

（5）1997—2001年为黑线仓鼠+长爪沙鼠+五趾跳鼠群落。5年中黑线仓鼠分别占68.21%、67.70%、74.74%、80.47%和72.92%，长爪沙鼠分别占29.05%、22.74%、13.61%、10.00%和13.54%，随着长爪沙鼠逐渐下降，五趾跳鼠略有增加，分别占1.89%、9.56%、11.67%、9.53%和10.21%。

（6）2002年为长爪沙鼠+黑线仓鼠+五趾跳鼠群落。该年长爪沙鼠所占百分比突然增加到60.29%，又成为优势种，黑线仓鼠降至第二位为36.57%，五趾跳鼠占3.14%，该年群落仅由这三种鼠组成。

（7）2003—2005年为黑线仓鼠+五趾跳鼠+长爪沙鼠群落。黑线仓鼠在3年中分别占90.07%、90.05%和96.63%，占绝对优势，五趾跳鼠分别占2.94%、5.21%和1.96%，长爪沙鼠分别占2.94%、0.95%和0.56%。

（8）2006年为黑线仓鼠+长爪沙鼠群落。黑线仓鼠占98.85%，长爪沙鼠占1.15%，该年仅由这两种鼠组成。

（9）2007—2008年为黑线仓鼠+五趾跳鼠群落。黑线仓鼠在群落中分别占98.90%和95.83%，该年群落中仅有这两种鼠。

（10）2009年为黑线仓鼠+小家鼠群落。黑线仓鼠占97.96%，小家鼠占2.04%。

（11）2010—2013年为黑线仓鼠+达乌尔黄鼠+小家鼠群落。黑线仓鼠分别占85.33%、79.49%、69.57%和73.33%，达乌尔黄鼠分别占6.67%、12.83%、17.39%和13.33%，小家鼠分别占4.00%、0%、8.70%和13.33%。

某一地区鼠害群落不间断地发生演替，引起演替的原因是不同的，如在林区森林砍伐后可引起林区鼠类群落的演替；农村户屋结构的改变可以引起鼠类群落的演替。呼和浩特地区30年鼠类群落的演替是生态结构变化发生的自然演替。

第三节　呼和浩特地区鼠类群落的多样性特征

鼠类群落多样性，能够反映同一个地区各群落之间的相似程度，也可以反映群落与外界的关系。有关草原鼠类群落结构多样性研究已有报道。本书研究了呼和浩特地区1984—2013年鼠类群落的多样性及不同年度的变化以及与外界环境的关系。

1984—2013年每年4—10月中旬，在试验场和永圣域乡的牧草栽培地（苜蓿地、沙打旺地、柠条地等）和附近的农田与放牧场，利用直线夹日法调查。行距50m、夹距5m，每个生境内布放100~200个夹日，花生米做诱饵，捕获鼠按常规测量后解剖并观察繁殖情况，详细记录。

计算每种鼠的优势度和鼠类群落的多样性指数与均匀指数。

优势度 $I=Ni/N$，Ni为每种鼠的个体数（只），N为调查区捕获个体鼠的总个体数（只）。

多样性指数（H）用香浓—威纳指数（Shannon—Weiner index）表示。

均匀指数（E）用皮洛法求得，计算公式如下：

$H=-\sum Pi\ln Pi$，$E=H/H_{max}$，$H_{max}=\ln S$

H为多样性指数，Pi为每种鼠只数在群落中所占比率，S为群落中鼠的种数；E为均匀性指数。

一、呼和浩特地区鼠类群落组成和优势度

1984—2013 年每年每月中旬调查，30 年共放 364 697 夹日，捕获鼠 11 188 只，经鉴定共 8 种鼠（表 2-3）。

表 2-3　呼和浩特地区鼠类组成及优势度年变化

年份	黑线仓鼠	五趾跳鼠	长爪沙鼠	子午沙鼠	达乌尔黄鼠	小毛足鼠	小家鼠	褐家鼠
1984	0. 954 2	0. 012 8	0	0. 011 0	0. 003 7	0	0. 018 3	0
1985	0. 904 9	0. 049 1	0	0. 004 8	0. 006 3	0	0. 034 9	0
1986	0. 752 2	0. 219 8	0	0. 008 6	0. 004 3	0. 002 2	0. 006 5	0. 006 5
1987	0. 491 0	0. 467 1	0	0. 008 0	0. 025 9	0. 004 0	0. 004 0	0
1988	0. 511 6	0. 340 4	0	0. 002 1	0. 006 3	0. 133 2	0. 006 3	0
1989	0. 548 3	0. 358 0	0. 022 7	0. 005 7	0. 005 7	0. 054 0	0. 005 7	0
1990	0. 389 8	0. 576 3	0. 029 7	0	0	0. 004 2	0	0
1991	0. 563 6	0. 396 5	0. 024 9	0	0	0. 015 0	0	0
1992	0. 333 3	0. 055 6	0. 570 9	0	0. 015 3	0. 017 2	0. 007 7	0
1993	0. 285 1	0. 033 2	0. 678 7	0	0. 001 5	0. 001 5	0	0
1994	0. 101 4	0. 012 8	0. 885 8	0	0	0	0	0
1995	0. 050 1	0. 000 9	0. 948 9	0	0	0	0	0
1996	0. 326 0	0. 013 6	0. 660 4	0	0	0	0	0
1997	0. 682 1	0. 018 9	0. 290 5	0	0	0. 008 4	0	0
1998	0. 677 0	0. 095 6	0. 227 4	0	0	0	0	0
1999	0. 744 4	0. 116 7	0. 136 1	0	0	0. 002 8	0	0
2000	0. 804 7	0. 095 3	0. 100 0	0	0	0	0	0
2001	0. 729 2	0. 102 1	0. 135 4	0	0	0	0. 031 3	0. 002 1
2002	0. 365 7	0. 031 4	0. 602 9	0	0	0	0	0
2003	0. 900 7	0. 029 4	0. 029 4	0	0	0	0. 040 4	0
2004	0. 900 5	0. 052 1	0. 009 5	0. 014 2	0	0. 004 7	0. 019 0	0
2005	0. 966 3	0. 016 9	0. 005 6	0	0	0	0. 011 2	0
2006	0. 988 5	0	0. 011 5	0	0	0	0	00
2007	0. 989 0	0. 011 0	0	0	0	0	0	0
2008	0. 958 3	0. 041 7	0	0	0	0	0	0
2009	0. 979 6	0	0	0	0	0	0. 020 4	0

（续表）

年份	黑线仓鼠	五趾跳鼠	长爪沙鼠	子午沙鼠	达乌尔黄鼠	小毛足鼠	小家鼠	褐家鼠
2010	0.853 3	0.440 0	0	0	0.066 7	0	0.040 0	0
2011	0.794 9	0.513 0	0	0.025 6	0.128 3	0	0	0
2012	0.695 7	0.043 5	0	0	0.173 9	0	0.087 0	0
2013	0.733 3	0	0	0	0.133 3	0	0.133 3	0
合计	0.529 0	0.111 8	0.334 4	0.002 1	0.004 7	0.009 7	0.008 0	0.000 4

达乌尔黄鼠（*Spermophilus dauricus*）为53只，占总捕获鼠的0.47%；五趾跳鼠（*Allactaga sibirica*）为1 251只，占总捕获鼠的11.18%；黑线仓鼠（*Cricelulus barabensis*）为5 918只，占52.90%；长爪沙鼠（*Meriones unguiculatus*）为3 741只，占33.44%；子午沙鼠（*Meriones meridianus*）为24只，占0.21%；小毛足鼠（*Phodopus roberovskii*）为108只，占0.99%；小家鼠（*Mus musculus*）为89只，占0.80%；褐家鼠（*Rattus norvegicus*）为4只，占0.04%。

由以上看出，黑线仓鼠和长爪沙鼠为当地优势种，这2种鼠的优势地位是互相转换的。1984—1989年、1991年、1997—2001年和2003—2013年黑线仓鼠为优势种，在鼠类群落中占50%以上（仅1987年为49.1%）。1992—1996年和2002年是长爪沙鼠为优势种，在群落中占60%以上（仅1992年占57.09%）。五趾跳鼠1986—1991年间占21%以上，仅1990年超过50%，占优势地位，2006年未捕到，其余各年均较少。因此，五趾跳鼠是呼和浩特地区的常见种，其余五种鼠是少见种。黑线仓鼠与长爪沙鼠的优势度呈非常显著负相关（$r=|-0.817|>r_{0.01}=0.537$，$df=21$），它们的优势地位是相互转换的。这2种鼠是呼和浩特地区的优势种，可是它们不在同一时期成为优势种。当黑线仓鼠占优势时长爪沙鼠的优势度必然下降，相反当长爪沙鼠占优势时黑线仓鼠也一定下降。Grant（1972）研究表明，在同一地区当一种优势种数量上升时，必然引起其他鼠种数量下降。这一结论与笔者的研究结果一致。五趾跳鼠的优势度，受优势种黑线仓鼠和长爪沙鼠的优势度影响。当黑线仓鼠为优势种时，五趾跳鼠受黑线仓鼠优势度影响，它们之间呈非常显著负相关（$r=|-0.698|>r_{0.01}=0.590$，$df=16$）；当长爪沙鼠为优势种时，五趾跳鼠的优势度受长爪沙鼠的影响，它们之间也呈非常显著负相关（$r=|-0.845|>r_{0.01}=0.798$，$df=7$）。由于五趾跳鼠的优势度受优势种黑线仓鼠和长爪沙鼠的影响，它的优势度比较低，其数量不会长时期占到绝对优势。

二、呼和浩特地区鼠类群落多样性和均匀度

呼和浩特地区各年度多样性指数和均匀性指数如表 2-4 所示。由表 2-4 看出，1984—2013 年鼠类群落多样性指数和均匀性指数变化较大，30 年中 1987 年最高，依次是 1992 年和 1988 年，2007 年和 2006 年最低，最高年是最低年的 20 倍。相差如此之多，经相关分析多样性指数每年的变化与下列因素有关：历年多样性指数与每年鼠种数呈显著正相关（$r=|0.510|>r_{0.05}=0.404$，df=22），这与周庆强等（1982）在一年中同一地区不同生境中多样性指数与鼠种数呈正相关是一致的；历年多样性指数与黑线仓鼠在群落中的优势度呈显著负相关（$r=|-0.456|>r_{0.05}=0.404$，df=22），与长爪沙鼠优势度呈正相关（$r=0.019<r_{0.05}=0.404$，df=22）未达到显著相关程度；历年多样性指数分别与总捕获率、黑线仓鼠捕获率和长爪沙鼠捕获率都呈负相关，均未达到显著相关程度，r 分别为（$r=|-0.269|$、$|-0.207|$ 和 $|-0.107|$，均小于 $r_{0.05}=0.404$，df=22）。通过上述分析可以看出，各年度多样性指数的变化是受多种因素影响的，如 1986 年、1989 年群落中鼠种最多为 7 种，而多样性指数并不是 24 年中最高的，而是低于 1987 年、1988 年和 1992 年，后者虽然比前者少一种鼠，但是这 3 年中黑线仓鼠的优势度比较低，它与多样性指数呈显著负相关。这 3 年的总捕率与黑线仓鼠和长爪沙鼠的捕获率均比较低。2006 年和 2007 年多样性指数最低，是因为群落中种数最少，只有 2 种，黑线仓鼠的优势度最高分别为 0.9885 和 0.9890，虽然总捕获率是历年中最低的，仅为 0.75%和 0.81%，但它与多样性指数呈负相关，远比优势度高和种数少对多样性指数的影响小得多。

1984 年和 1985 年黑线仓鼠优势度高，分别为0.954 2和0.904 9；群落总捕获率也高，分别为 7.82%和 4.66%；也是黑线仓鼠捕获率最高的 2 年，分别为 7.47%和 4.22%；因此，多样性指数较低。1994 年和 1995 年，虽然长爪沙鼠的优势度最高分别为 0.885 和0.948 9；但是黑线仓鼠的优势度比较低仅为0.101 3和0.050 1；而且群落总捕获率较高，分别为 7.07%和 4.89%；这 2 年每年仅有 3 种或 4 种鼠，因此，1994 年和 1995 年的多样性指数较低。

表 2-4 呼和浩特地区鼠类群落多样性指数和均匀性指数

年份	鼠种数（S）	多样性指数（H）	均匀性指数（E）
1984	5	0.244 0	0.151 6
1985	5	0.413 0	0.257 3

（续表）

年份	鼠种数（S）	多样性指数（H）	均匀性指数（E）
1986	7	0. 690 4	0. 354 8
1987	6	1. 230 7	0. 686 9
1988	6	1. 054 9	0. 588 7
1989	7	0. 929 2	0. 477 5
1990	4	0. 822 8	0. 593 5
1991	4	0. 845 0	0. 609 5
1992	6	1. 168 5	0. 652 1
1993	4	0. 796 4	0. 574 5
1994	4	0. 402 1	0. 290 0
1995	3	0. 206 1	0. 187 6
1996	3	0. 697 8	0. 635 2
1997	4	0. 735 5	0. 530 5
1998	3	0. 825 3	0. 751 2
1999	4	0. 758 3	0. 547 0
2000	3	0. 629 1	0. 572 6
2001	5	0. 855 3	0. 531 4
2002	3	0. 781 7	0. 711 5
2003	4	0. 431 5	0. 311 3
2004	6	0. 452 9	0. 252 8
2005	4	0. 179 4	0. 129 4
2006	2	0. 062 8	0. 090 6
2007	2	0. 060 5	0. 087 3
2008	2	0. 173 3	0. 250 0
2009	2	0. 099 4	0. 043 4
2010	4	0. 573 9	0. 414 0
2011	3	0. 618 7	0. 563 2
2012	4	0. 905 4	0. 653 1
2013	3	0. 764 5	0. 695 9

综上所述，呼和浩特地区每年鼠类多样性指数是随着群落中种数的多少、

黑线仓鼠和长爪沙鼠的优势度、群落的总捕获率以及 2 个优势种的捕获率而变化的。这 2 种鼠的优势度越高，群落内的鼠种就越少，多样性指数也就越小。历年均匀性指数与多样性指数呈非常显著正相关（$r=0.931>r_{0.01}=0.515$），因此，历年均匀性指数的变化是与多样性指数的变化相一致的。

多样性指数自 2003 年至 2013 年以来越来越低，这是由于试验场环境改变的缘故。即草原研究所试验场建立 30 年来，种植牧草地面积不断扩大，现在种植面积占试验场总土地面积的 90%以上，同时试验场周边放牧草地都已变成了农田，植被单一，场内和场外成了不适宜多种鼠类栖息的环境，仅有少量的黑线仓鼠，因此，多样性指数变小。

Brown（1973）研究认为多样性指数与降水量呈正相关，Hafner（1997）认为年降水量是通过植物对鼠类群落的多样性起作用。我们目前正搜集研究区域的气象资料和植被变化特征资料，下一步将对影响该地区鼠类群落多样性的因素进行详细分析，找出关键性影响因子。

第三章　呼和浩特地区常见鼠类的生态研究

第一节　黑线仓鼠的生态研究

一、黑线仓鼠的地理分布及栖息环境

1. 地理分布

黑线仓鼠在我国分布较广，长江以北各省均有分布，主要分布在内蒙古自治区、黑龙江省、吉林省、辽宁省、河北省、北京市、天津市、山西省、河南省、陕西省、宁夏回族自治区（以下简称宁夏）、甘肃省、安徽省、山东省和江苏省等地区，江南仅浙江省境内有分布。在内蒙古自治区分布极广，几乎遍布各旗（县）。国外在蒙古国和俄罗斯均有分布。

2. 栖息环境

黑线仓鼠栖息环境十分广泛，遍及典型草原、荒漠草原、农田、平原、山地及林缘等各种生境。黑线仓鼠在草原常栖息于土质松软、种子植物茂密的草场上。在农区常栖息于田埂、坟地、林地边缘，田间荒地较多，林地内栖息极少。农田中季节变化明显，每年在播种期、作物出苗期和作物成熟期常由田埂或近的荒地中迁入田间。作物生长期时农田内数量较少或基本没有。

二、黑线仓鼠的形态特征

1. 外部形态

黑线仓鼠是仓鼠科仓鼠亚科的动物，属于体型小的种类，雄性成年个体体重大于或等于 16g，雌性体重大于或等于 15g，雌雄之间无显著差异（$t=1.020<t_{0.05}=1.96$，df = 1 095）。呼和浩特地区黑线仓鼠平均体重（23.96±0.28）g。成年体长在 80～100mm，呼和浩特地区黑线仓鼠平均体长（87.67±0.49）mm。黑线仓鼠体型较小，身体短粗显得肥壮，头较圆，吻短，颊部有颊囊略显得膨大，储有实物时尤为明显。耳圆，耳壳内、外均具短毛，毛基部

为黑色，耳壳周围镶有白边。身体背部从头到尾、颊部、体侧和四肢背面均灰棕色。背部中央有一黑色纵纹，呈线状，黑线仓鼠由此而得名，有的个体黑色纵纹不明显或无。颊下、四肢内侧及身体腹面均为灰白色。背部和腹部毛色之间分界清晰。尾短小，仅占体长的1/4。尾的背面毛色为灰棕色（与体背毛色相同），尾腹面毛色为灰白色。雌性腹部有4对乳头，胸部2对，鼠蹊部2对。

2. 头骨结构

黑线仓鼠头颅较圆，鼻骨狭长，前端略有膨大后部较凹。眶上嵴不明显。颧骨纤细，颧略向外侧扩张，几乎呈平行状。顶骨前外角前伸于额骨后部的两侧，形成一个明显的尖形突起，使额骨后缘形成圆形。顶间骨宽而短，其宽度为长度的3倍。

门齿孔狭长，后缘至左右第一上臼齿连接线的前缘。上门齿细长，齿隙宽大。上颌有3枚臼齿，第一上臼齿较大，第二、第三上臼齿依次变小。第一上臼齿有两纵列6个左右对应的齿尖，第二上臼齿有4个排列不规则的齿尖，第三上臼齿较小。下颌齿隙几乎与下齿齿列相等，下齿隙较上齿隙短。下颌各臼齿大小、齿尖数及排列基本与上臼齿相同。

三、黑线仓鼠的生长发育

1. 材料与方法

本研究于1989年8月至1990年3月在呼和浩特市郊中国农业科学院草原研究所试验场进行。黑线仓鼠捕自场内的人工草地，实验动物系室内人工繁殖所获得第一代幼鼠，共47只（雄29只，雌18只）。从出生至90日龄，每隔5d称体重一次；90日龄后，每隔10d称重一次；并逐日观察记录外表特征和行为等变化。

饲料以荞麦、大麦和高粱等量混合，另加10%向日葵籽；以新鲜自来水为饮用水，每日加换。饲养室采用自然光照，温度为15~27℃，相对湿度为45%~85%。

2. 黑线仓鼠的体重生长

0~120日龄的体重生长情况列于表3-1。初生体重：雄性为1.1~1.9g，平均（1.57±0.03）g；雌性为1.3~2.0g，平均（1.54±0.03）g；两性多见于1.4~1.8g，以1.5g为最多。

表 3-1 黑线仓鼠的体重生长

日龄	雄性				雌性			
	动物数	平均重(g)	平均日增重(g)	生长率(%)	动物数	平均重(g)	平均日增重(g)	生长率(%)
0	29	1. 57±0. 03	0. 34	14. 8	18	1. 54±0. 03	0. 36	15. 46
5	29	3. 92±0. 09	0. 42	9. 84	16	3. 34±0. 01	0. 41	9. 53
10	28	5. 38±0. 18	0. 61	9. 01	16	5. 38±0. 16	0. 59	8. 70
15	26	8. 44±0. 31	0. 64	6. 46	16	8. 31±0. 46	0. 65	6. 58
20	26	11. 66±0. 38	0. 49	3. 80	16	11. 55±0. 56	0. 49	3. 83
25	25	14. 10±0. 49	0. 50	3. 29	16	13. 99±0. 62	0. 49	3. 25
30	25	16. 62±0. 62	0. 29	1. 65	16	16. 46±0. 59	0. 32	1. 84
35	25	18. 05±0. 86	0. 46	2. 41	16	18. 05±0. 57	0. 27	1. 43
40	24	20. 36±0. 72	0. 27	1. 28	15	19. 39±0. 64	0. 14	0. 71
45	24	21. 71±0. 74	0. 24	1. 07	13	20. 09±0. 80	0. 12	0. 60
50	23	22. 90±0. 87	0. 27	1. 15	13	20. 70±0. 83	0. 18	0. 83
55	22	24. 25±0. 98	0. 27	1. 08	11	21. 58±1. 12	0. 32	1. 41
60	22	25. 59±1. 06	0. 16	0. 63	11	23. 16±1. 11	0. 25	1. 03
65	22	26. 41±1. 19	0. 23	0. 87	11	24. 39±1. 38	0. 23	0. 92
70	22	27. 58±1. 34	0. 20	0. 71	11	25. 54±1. 56	- 0. 14	- 0. 15
75	22	28. 57±1. 41	0. 29	0. 98	11	25. 35±1. 54	0. 19	0. 72
80	22	30. 30±1. 49	0. 14	0. 47	11	26. 28±1. 60	0. 16	0. 61
85	22	30. 71±1. 47	0. 14	0. 45	11	27. 09±1. 74	0. 09	0. 34
90	22	31. 41±1. 48	0. 40	0. 62	11	27. 55±1. 89	- 0. 15	- 0. 18
100	22	33. 41±1. 56	0. 38	0. 56	11	27. 30±1. 48	0. 12	0. 21
110	22	35. 33±1. 61	0. 42	0. 57	11	27. 88±1. 37	0. 09	0. 16
120	22	37. 42±1. 72			11	28. 33±1. 27		

生长曲线与回归分析体重生长曲线（图 3-1）由不同日龄的平均体重（表 3-1）绘出。由图 3-1 可见，黑线仓鼠雌、雄两性的体重生长均不完全符合“S”形增长曲线。为了准确表达其体重增长过程，根据各阶段生长特点作回归分析。

由图 3-2 可见，在 0～35 日龄时，雌、雄鼠的生长曲线几乎重合；自 35 日龄后，两性曲线逐渐分开，即体重差异逐渐增大；至 100 日龄时，已达显著

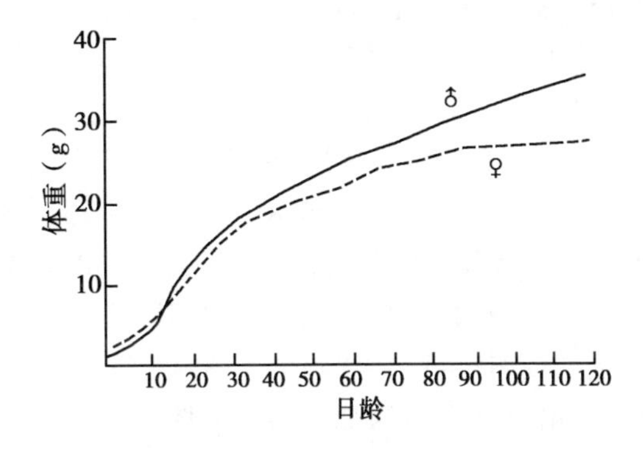

图 3-1　黑线仓鼠体重生长曲线

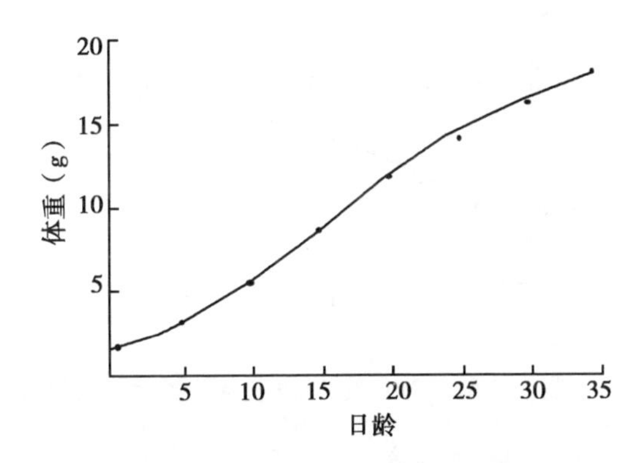

图 3-2　黑线仓鼠（雄+雌）0~35 日龄体重生长回归曲线

水平（$t=2.576>t_{0.05}=2.042$，df=31）；至 110 日龄时，已达极显著的程度（$t=3.096>t_{0.01}=2.750$，df=31）。据此，将黑线仓鼠 35 日龄前、后的体重生长分别描述。

35 日龄前的体重生长：初生至 35 日龄的体重生长无性别差异，故将雌雄数据合并计算。由图 3-1 可见，此时体重生长呈“S”形，配以 Logistic 方程得 $W=19.45/[1+e^{2.371-0.138t}]$（相关系数 r=0.999，剩余标准差 S=0.238）（图 3-2）。

35 日龄后的体重生长：35 日龄后，两性体重生长出现差异，故对雌雄分别进行叙述。

雌鼠的体重生长：36~120 日龄雌性体重生长符合对数增长，其回归方程为 $W=20.97\lg t-14.20$（图 3-3，r=0.981，S=0.689）。

雄鼠的体重生长：36～90 日龄的体重生长呈对数增长，其方程为 W=32.14lgt−31.52（r=0.999 8，S=0.079 3）；91～120 日龄的体重生长呈直线增长，其方程为 W=0.20t+13.45（图 3−4，r 接近于 1，S 接近于 0）。

生长率与日增重：以 Brodt（1954）的瞬时增长率公式 IRG=（Inm2−Lnm1）/（t2−t1）（转引自王祖望等，1978. 灭鼠和鼠类生物学研究报告第三集. 科学出版社，51～68）计算其体重生长率，并与同期的日增重加以比较（表 3−1）。由表 3−1 可见，至 90 日龄时，雄鼠的生长率和日增重已降到最小，分别为 0.45%和 0.14g，说明此时已进入成熟阶段。90 日龄后，由于性腺的迅速发育和增重而使生长率和日增重又有所增加。雌鼠的体重生长至 90 日龄几乎停止，生长率和日增重分别为 0.34%和 0.09g，90 日龄后，生长率在−0.18%～0.21%、日增重在−0.15～0.12g 波动，说明雌鼠在 90 日龄时已成熟。

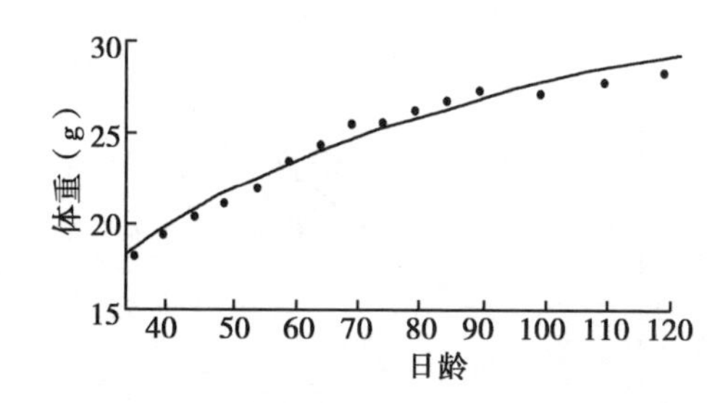

图 3−3　黑线仓鼠（雌）36～120 日龄体重生长回归曲线

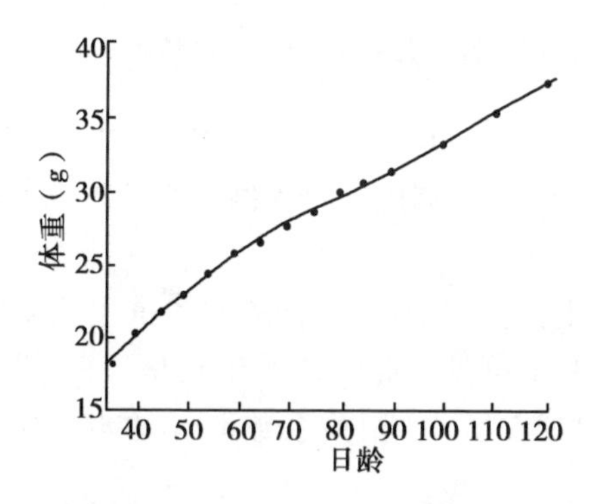

图 3−4　黑线仓鼠（雄）35～120 日龄体重生长回归曲线

3. 黑线仓鼠外部形态和行为的发育

（1）形态发育。初生仔鼠赤裸无毛，呈肉红色，仅吻端可见胡须和眼部有色素沉积；皮肤薄而呈半透明状；脐、生殖突和肛门明显突起。1 日龄，头、背部有色素沉积；2～3日龄，背毛生出；5～6日龄［平均为（5.60±0.10）d］，背纹即“黑线”明显可见；6日龄［平均为（6.02±0.01）d］腹毛生出；7~8日龄［平均为（7.24±0.14）d］，背毛覆盖皮肤；12～15日龄［平均为（13.48±0.17）d］，全身均被毛。初生时耳壳紧贴颅部；2日龄，少数开始直起（4只）；3～4日龄［平均为（3.40±0.10）d］，所有鼠均直立。初生时，上、下门齿均已萌出，洁白、尖细。第一对臼齿萌出的日龄为13～15d，平均为（14.4±0.11）d。睁眼的日龄为12～16d，平均为（13.85±0.17）d。通常双眼同时睁开，个别也有间隔0.5～1d的。

（2）行为发育。初生仔鼠能发出“吱、吱”叫声，不能爬行，只能摇摇摆摆地移动；3~5日龄［平均为（2.95±0.11）d］，可缓慢爬行。采食行为的出现最早见于11日龄，最晚见于20日龄，平均为（13.26±0.35）日龄。断乳日龄为15～20d，平均为（17.05±0.25）d。采食行为的出现比臼齿萌出平均提前约1日龄，比断乳平均提前约4日龄。

（3）性的发育。初生仔鼠性别不易区分，雌雄鼠尿肛距虽有差异，但不很明显。至3~5日龄［平均为（4.06±0.14）d］时，雌性乳区出现了暗红色圆形斑点（以后长出乳头），此时可准确鉴别雌性。由生长分析推断，大约在90日龄性成熟。实际观察，雄性睾丸下降并有成熟精子的日龄，最早见于52~55d，最晚见于97～122d，平均为（91.86±4.79）d；雌性阴道开口并有发情表现的日龄，最早见于52d，最晚见于134d，平均为92.89d，性成熟持续时间较长。其原因是：夏末出生的鼠，多数在52日龄后逐渐达到性成熟；晚秋出生的鼠，多数在第二年春季才性成熟。性成熟的早晚与出生季节有关。

4. 黑线仓鼠生长发育的阶段性

根据体重增长和形态、行为以及性的发育特点，黑线仓鼠的生长发育大致可分为4个阶段。

乳鼠阶段：0~15日龄。15日龄时，虽未完全断乳，但臼齿和采食行为已出现。该阶段，体重生长最快，平均生长率雌雄分别为11.24%和11.22%；形态发育变化最大，如耳孔开裂、被毛、睁眼等均在此期完成。

幼鼠阶段：16~35日龄。由摄食母乳过渡到独立生活，生长率仍保持较高水平。体重生长无性别差异，仍遵循Logistic方程。

亚成年阶段：36～90日龄。两性体重增长出现了差异，并逐渐增大，雄性按W＝3.14lgt－31.52增长；雌性以W＝20.97lgt－14.20增长。生长均比较缓慢，雌、雄性生长率分别为0.77%和1.01%。日增重平均为0.17g和0.24g。该阶段仅有少数个体达性成熟。

成年阶段：91~120日龄。此时多数鼠性已成熟，雌性的体重生长几乎停止，生长率为0.06%，日增重为0.05g。而雄性由于性腺的迅速发育，生长率和日增重又有所增加。

四、黑线仓鼠种群年龄鉴定

研究鼠类种群年龄在分析种群数量动态和预测预报中具有重要意义。划分鼠类年龄组的方法很多，力求准确、简便、实用。根据胴体重和臼齿磨损程度划分过黑线仓鼠的年龄组。用水晶体干重作为划分年龄组的标准，对一些鼠类作过研究，尚未对黑线仓鼠作过研究。上述这些方法都不宜鉴定活鼠的年龄，而活鼠年龄的确定在实践中经常用到，如进行毒力测定、适口性试验、标志重捕流放等都需要知道鼠的年龄范围。可否用体重作为指标划分黑线仓鼠的年龄而且分得比较切合实际，我们利用1984—1987年在呼和浩特市郊中国农业科学院草原研究所试验场采集的标本进行了这方面的研究。

1. 研究方法

从1984年6月至1985年11月和1986年、1987年两年的3—11月，每月中旬选取样方，用直线夹日法捕鼠，一个样方内布夹100~200个。4年共捕获黑线仓鼠2 406只（其中雄性1 324只，雌性1 082只，1984年652只，1985年688只，1986年671只，1987年395只），全部测量并解剖。然后将标本浸泡在5%~10%福尔马林溶液中至少一周以上。剥制头骨标本时将水晶体取出，待自然风干，与头骨一块保存。外业结束后，将全部的水晶体分别称重，称重前先把水晶体分别称重，称重前先把水晶体在恒温干燥箱内（80℃）干燥12h至恒温，用电子天平分别称量每只鼠的一对水晶体，精确至0.01mg。

取1986年水晶体完整的标本622只进行年龄鉴定，其中雄性320只，雌性302只。分别测量头骨标本的颅全长、鼻骨长和颧宽。

2. 依据水晶体干重划分年龄组

将622只黑线仓鼠两性的水晶体重量分别计算，雄性和雌性的水晶体平均重量分别为13.55mg和12.39mg，经t值检验（$t=3.29>t_{0.01}$），性别差异非常显著。因此，雌鼠和雄鼠应该用不同的水晶体重量级差来划分年龄组。遂将水晶体重量以不同性别各自作次数分配，划分成4个年龄组。划分标准如下：

	雄性水晶体干重（mg）	雌性水晶体干重（mg）
幼年组	≤9.00	≤7.00
亚成年组	9.01~13.00	7.01~12.00

成年一组	13.01～18.00	12.01～17.00
成年二组	≥18.01	≥17.01

雌雄两性鼠各年龄组水晶体的平均重量如表3-2所示。

表3-2　黑线仓鼠各年龄组平均水晶体干重（mg）与显著性检验

年龄组	性别	鼠数	平均值±标准误	标准差	t-测验
幼年组	♀	21	5.68±0.21	0.895	$t=17.858>t_{0.01}$
亚成年组		144	9.85±0.11	1.30	$t=20.340>t_{0.01}$
成年一组		82	18.80±0.16	1.49	$t=25.855>t_{0.01}$
成年二组		55	19.47±0.15	1.14	
幼年组	♂	54	7.54±0.14	1.02	$t=19.382>t_{0.01}$
亚成年组		109	10.99±0.11	1.12	$t=21.344>t_{0.01}$
成年一组		80	14.96±0.15	1.34	$t=23.080>t_{0.01}$
成年二组		77	20.73±0.20	1.77	

$t_{0.01}=2.576$，t值大于$t_{0.01}$表示差异非常显著，大于$t_{0.05}$差异显著，小于$t_{0.05}$无显著差异

3. 依据体重划分年龄组

依黑线仓鼠体重，雌雄性分别作次数分配，根据分散程度也划出4个年龄组，年龄组的标准如下：

	雄性体重（g）	雌性体重（g）
幼年组	≤17	≤14
亚成年组	18～24	15～21
成年一组	25～31	22～25
成年二组	≥32	≥26

雌雄两性鼠各年龄组的平均体重列于表3-3。

表3-3　黑线仓鼠各年龄平均体重（g）与显著性检验

年龄组	性别	鼠数	平均值±标准误	标准差	t-测验
幼年组	♀	26	12.15±0.38	1.93	$t=17.858>t_{0.01}$
亚成年组		141	18.16±0.17	2.03	$t=20.340>t_{0.01}$
成年一组		79	23.48±0.12	1.09	$t=25.855>t_{0.01}$
成年二组		56	29.02±0.41	3.07	

（续表）

年龄组	性别	鼠数	平均值±标准误	标准差	t-测验
幼年组	♂	58	15.12±0.41	2.15	$t=19.382>t_{0.01}$
亚成年组		117	20.87±0.17	1.84	$t=21.344>t_{0.01}$
成年一组		67	28.27±0.24	1.97	$t=23.080>t_{0.01}$
成年二组		78	36.00±0.33	2.94	

（1）种群年龄组成的年度变化。由于刚出生的幼鼠不出洞，用鼠夹调查时捕获的幼鼠少于实际数量，所以亚成年组比幼年组数量高很多。为此，若将幼年组和亚成年组的个体加在一起，便于分析种群动态。1984—1987 年各年度幼年组加亚成年组所占种群的比例分别为 58.7%、56.83%、53.79% 和 55.53%，经 t 值检验相邻年度之间无显著差异，t 值分别为 0.73，1.12 和 0.55，均小于 $t_{0.05}$。由以上资料看出，呼和浩特地区黑线仓鼠幼年组加亚成年组的数量在群落中所占的比例约 55%，比较稳定，各年度大致相同，与北京地区基本一致（张洁，1985）。

（2）种群年龄组成的季节变化。黑线仓鼠种群年龄组成各年度的季节变化明显。各年度的共同特点是 3—4 月成年组 2 组占种群数量的比例最高，1985—1987 年分别为 60.00%、43.21%和 43.48%；11 月成年二组的比例最低，1984—1987 年分别为 7.14%、2.00%、4.55%和 2.50%。这说明前 1 年出生的鼠经过 1 个冬季后，到秋季大部分死亡，极少数可以度过第 2 个冬季。在自然条件下，呼和浩特地区黑线仓鼠的寿命较短。

3—4 月幼年组加亚成年组占种群比例的多少能说明当年繁殖开始的早晚，1985—1987 年的比例分别为 10.91%、24.07%和 40.55%，1985 年比例最小，1987 年比例最大。说明 1985 年繁殖开始的晚，1987 年开始的早。

11 月幼年组比例的多少能说明当年繁殖结束的早晚，1984—1987 年分别为 2.68%、8.00%、4.55%和 25.00%。可以看出，4 年中 1987 年结束的晚，繁殖期最长，其余依次为 1985 年、1986 年、1984 年。

鼠类年龄组的划分方法很多，以室内饲养鼠确定年龄比较准确，但与自然条件下鼠的生长有差别。因此，目前试图用 1 种方法准确的划分年龄组，完全符合实际都比较困难。作者选择体重做指标目的在于方便，是否符合实际，关键是在呼和浩特地区黑线仓鼠一生中是否在不断生长，黑线仓鼠寿命短，又不能活到生理寿命，其一生中均在生长。

4. 头骨度量与水晶体干重的关系

黑线仓鼠的颅全长、鼻骨长和颧宽 3 项指标各年龄组的平均值差异非常显著（表 3-4）。说明黑线仓鼠的颅全长、鼻骨长和颧宽随着年龄的增长而增大，在幼年和亚成年时期增长更快。

表 3-4　黑线仓鼠不同年龄组头骨颅全长、鼻骨长和颧宽　　　(mm)

项目	年龄组	性别	鼠数	平均值±标准误	标准差	t-测验
颅全长	幼年组	♀	13	22.04±0.41	1.47	$t=5.123>t_{0.01}$
	亚成年组		134	24.18±0.08	0.95	$t=8.790>t_{0.01}$
	成年一组		77	25.26±0.09	0.77	$t=4，467>t_{0.01}$
	成年二组		53	25.93±0.12	0.87	
	幼年组	♂	45	23.24±0.16	1.10	$t=7.691>t_{0.01}$
	亚成年组		91	24.63±0.07	0.71	$t=10.536>t_{0.01}$
	成年一组		75	25.75±0.08	0.72	$t=7.260>t_{0.01}$
	成年二组		72	26.68±0.10	0.76	
鼻骨长	幼年组	♀	20	7.79±0.13	0.59	$t=8.088>t_{0.01}$
	亚成年组		144	8.89±0.04	0.47	$t=9.063>t_{0.01}$
	成年一组		79	9.47±0.05	0.44	$t=2.093>t_{0.01}$
	成年二组		54	9.65±0.07	0.50	
	幼年组	♂	51	8.55±0.08	0.58	$t=6.600>t_{0.01}$
	亚成年组		108	9.14±0.04	0.39	$t=5.781>t_{0.01}$
	成年一组		80	9.51±0.05	0.44	$t=5.658>t_{0.01}$
	成年二组		76	9.91±0.05	0.41	
颧宽	幼年组	♀	14	11.46±0.04	0.72	$t=13.594>t_{0.01}$
	亚成年组		133	12.33±0.05	0.56	$t=5.378>t_{0.01}$
	成年一组		76	12.75±0.06	0.50	$t=2.599>t_{0.01}$
	成年二组		51	13.47±0.27	1.94	
	幼年组	♂	44	11.84±0.08	0.51	$t=6.600>t_{0.01}$
	亚成年组		100	12.43±0.04	0.43	$t=9.293>t_{0.01}$
	成年一组		79	13.10±0.06	0.49	$t=8.884>t_{0.01}$
	成年二组		72	13.86±0.06	0.15	

由上看出，黑线仓鼠颅全长、鼻骨长和颧宽都随着年龄的增长而增加，因

此，用这些指标均可作为划分黑线仓鼠年龄的标准。

5. 体重与水晶体干重的关系

用体重划分的 4 个年龄组的平均体重，分别与用水晶体干重划分的年龄组各组的平均体重十分接近；经 t 值测验，同年龄组间均无显著差异（雌性幼年组 t=0.226，亚成年组 t=0.345，成年一组 t=0.159，成年二组 t=0.713，均小于 $t_{0.05}$；雄性幼年组 t=0.281，亚成年组 t=0.040，成年 1 组 t=0.230，成年 2 组 t=0.131，各组 t 值均小于 $t_{0.05}$）。两种方法划分的年龄组同组中个体数量也接近。可见，用体重划分黑线仓鼠年龄组是适宜的。

用体重划分年龄组，虽然体重受营养状况和季节影响，成年雌鼠在繁殖期，还受怀孕影响。但是，该方法优点是简便，能够鉴定活鼠的年龄。

目前国内划分黑线仓鼠年龄组的指标有 4 种，即胴体重、臼齿磨损程度、水晶体干重和体重，每种方法各有优缺点。前 3 种方法不能鉴定活鼠的年龄，制作头骨标本和水晶体费工、麻烦，利用体重鉴定年龄方便，死活鼠均适用，在实践中可根据需要，用其中一种方法。

五、黑线仓鼠的食物和食量

黑线仓鼠（*Cricetulus barabensis*）是草原和农田的主要害鼠之一。该鼠以植物的种子和茎叶为食。为了搞清黑线仓鼠的食物组成和日食量，我们于 1986 年在呼和浩特市郊中国农业科学院草原研究所试验场内，用笼养法进行了观察。

1. 黑线仓鼠的食性

（1）研究方法。实验鼠从试验场及周围的农田中用活鼠笼捕获，经灭蚤后在实验室内用混合饲料（小麦粒、新鲜植物的茎、叶、花和果实）饲养 3d 以上，选健康鼠做试验。7 月 4 日至 10 日进行了食性试验。实验鼠根据体重分成两组，体重 15~19g 为亚成年组，20~22g 为成年组，每组 20 只，雌、雄各半。试验时将每只鼠单独置于 40m×25m×22m 的钢丝笼内。供选食试验的植物有 35 种，均是试验场内的常见种。35 种植物分成 7 组，分别对每只鼠进行饲喂，每组（5 种）植物饲喂 1d。每种植物取 5 枝，用棉线札成一簇放在食饵盒上，尽量选用带有花和果实的植株。同时在食饵盒内放少量的小麦粒，以防鼠对某种植物不食或少食而影响健康。饲喂 1d 后，记录对各种植物的取食枝数，不论吃多少，吃一次以上都定为取食。根据黑线仓鼠对每组植物的平均取食率，作为衡量该鼠对各种植物喜食程度的指标。

（2）取食率和喜食度。研究结果表明黑线仓鼠对各种植物的喜食程度不同，取食率可分成五级，各种植物的取食率和喜食度见表3-5。

Ⅰ级：最喜食，取食率在90%以上。成体组最喜食的植物有7种：苦菜、打碗花、戟叶蒲公英、紫花苜蓿、草木樨、灰叶黄芪、沙打旺。亚成体组有7种：苦菜、打碗花、紫花苜蓿、二裂萎陵菜、草木樨、灰叶黄芪、猪毛菜。

Ⅱ级：喜食，取食率在75%~89%。成体组喜食的植物有3种：二裂委陵菜、披针叶黄华、北山莴苣。亚成体组有6种：沙打旺、披针叶黄花、北山莴苣、戟叶蒲公英、扁蓿豆、胡枝子。

Ⅲ级：较喜食，取食率在40%~74%。成体组较喜食的植物有6种：胡枝子、猪毛菜、扁蓿豆、问荆、沙生棘豆、星星草。亚成体组有6种：问荆、沙生棘豆、星星草、紫野大麦、藜、柠条。

Ⅳ级：可食，取食率1%~39%。成体组有14种：狗尾草、紫野大麦、藜、阿尔泰狗娃花、柠条、车前等。亚成体组喜食的有13种：两栖蓼、砂引草、阿尔泰狗娃花、车前等。

表3-5　黑线仓鼠对各种植物的喜食程度

供试植物		物候期	成体组		亚成体组	
			取食率（%）	喜食度	取食率（%）	喜食度
苦菜	*Ixeris chinenis*	开花期	100	Ⅰ	99	Ⅰ
打碗花	*Calystegia hederacea*	开花期	100	Ⅰ	99	Ⅰ
戟叶蒲公英	*Taraxacum asiaticum*	开花期	99	Ⅰ	87	Ⅰ
紫花苜蓿	*Melicago sativa*	果实期	98	Ⅰ	99	Ⅰ
草木樨	*Melilotus suqveolens*	开花期	98	Ⅰ	94	Ⅰ
灰叶黄芪	*Astragalus discolor*	开花期	93	Ⅰ	94	Ⅰ
沙打旺	*Astragalus adsrgens*	营养期	92	Ⅰ	88	Ⅱ
二裂委陵菜	*Potentilla bifurca*	开花期	86	Ⅱ	95	Ⅰ
披针叶黄华	*Thermopsis lanceolate*	籽实期	86	Ⅱ	88	Ⅱ
北山莴苣	*Lactuca sibirica*	开花期	75	Ⅱ	88	Ⅱ
胡枝子	*Lespedeza davurica*	营养期	72	Ⅲ	79	Ⅱ
猪毛菜	*Salsola collina*	营养期	66	Ⅲ	93	Ⅰ
扁蓿豆	*Medicago ruthenica*	开花期	59	Ⅲ	80	Ⅱ

（续表）

供试植物		物候期	成体组		亚成体组	
			取食率（%）	喜食度	取食率（%）	喜食度
问荆	*Equisetum arvense*	籽实期	51	Ⅲ	67	Ⅲ
沙生棘豆	*Oxytropis tunliaoensis*	开花期	50	Ⅲ	49	Ⅲ
星星草	*Puccieellia tenuiflora*	籽实期	47	Ⅲ	59	Ⅲ
狗尾草	*Setaria viridis*	籽实期	33	Ⅳ	8	Ⅳ
紫野大麦	*Hodeum violaceum*	籽实期	30	Ⅳ	55	Ⅲ
藜	*Chenopodium album*	籽实期	19	Ⅳ	49	Ⅲ
阿尔泰狗哇	*Heteropappus altaicus*	开花期	17	Ⅳ	25	Ⅳ
柠条	*Caragana korshinskii*	营养期	15	Ⅳ	44	Ⅲ
车前	*Plantago asiatica*	营养期	15	Ⅳ	25	Ⅳ
两栖蓼	*Polygonum amphibium*	籽实期	13	Ⅳ	36	Ⅳ
凤毛菊	*Saussurea glomerata*	营养期	12	Ⅳ	7	Ⅳ
苍耳	*Xanthium sibiricum*	营养期	10	Ⅳ	4	Ⅳ
砂引草	*Messerschmidia sibirica*	果实期	9	Ⅳ	30	Ⅳ
阔叶独行菜	*Lepidium latifolium*	开花期	7	Ⅳ	4	Ⅳ
白草	*Pennisetum flaecidum*	营养期	2	Ⅳ	0	Ⅴ
赖草	*Aneurolepidiumdasystachys*	籽实期	1	Ⅳ	1	Ⅳ
东北鹤虱	*Lappula heterantha*	落籽期	1	Ⅳ	10	Ⅳ
蒿	*Artemisia sp*	营养期	0	Ⅴ	0	Ⅴ
小白蒿	*Artemisia frigida*	营养期	0	Ⅴ	0	Ⅴ
拂子茅	*Calamagrostis pseudo phramites*	籽实期	0	Ⅴ	2	Ⅳ
针茅	*Stipa sp*	营养期	0	Ⅴ	2	Ⅳ
芦苇	*Phragmites sp*	营养期	0	Ⅴ	1	Ⅳ

注：每种植物供给量均为100枝

Ⅴ级：不食，取食率为零。成体组不食的植物有5种：蒿、小白蒿、假蒌佛子茅、针茅、芦苇。亚成体组有3种：蒿、小白蒿和白草。

试验的35种植物中，亚成体组取食的有32种，占91.43%；成体组30种，占81.71%。亚成体组比成体组的食谱稍广些。亚成体组最喜食和喜食的植物有13种，成体组有10种。亚成体组不食的有3种，占8.75%；成体组不食的有5种，占14.29%。

2. 黑线仓鼠的食量

7月15日至20日，用笼养法对黑线仓鼠进行了日食量的测定（室温20~

24℃)。选健康黑线仓鼠 40 只，其中亚成年组 10 只（不够 20 只），成年组 30 只。测定日食量时，每只单笼饲养，每日在食饵盒内放 30g 混合食物（新鲜大麦麦穗 10g，新鲜苜蓿的叶、花和果实 10g，新鲜蒲公英的叶、花和金龟子 3 个共 10g)，供鼠自由采食，经 24h 后，取出未吃的食物称量。每只鼠连续饲喂两昼夜，分别计算。在测定日食量的同时，将盛有与试验组等量食物的食饵盒，作为对照，放在一个无鼠笼内，对照笼放在试验笼附近，经 24h 称其重量，为自然失水后的重量，求出失水率，用其校正试验组食物的自然失水量。

按下式计算黑线仓鼠的日食量 D（鲜重）。

$$D=(A-B)\times C/A'$$

式中：A 为试验组投给的食饵重量；

B 为试验组经 24h 取食后的剩余量；

A' 为对照组放入的食饵量；

C 为对照组 24h 自然失水后的重量。

按下式计算黑线仓鼠的日食量 F（干重）。

$$F=D\times E/A$$

式中：E 为对照组食物经自然风干后至恒重的重量。

黑线仓鼠的日食量（干重和鲜重）列于表 3-6。由表 3-6 看出，幼年组每只平均日食鲜草量为 11. 03g，与成年组日食量 11. 00g，几乎一致。经 t 值测验，无显著差异（$t=0.0667<t_{0.05}$，$P>0.05$）。由此看出，黑线仓鼠由亚成年期至成年期，其日食量没有大的变化。若根据体重计算日食量，亚成年组日食鲜草量为 617. 9g/kg 体重，而成年组为 448. 7g/kg，经 t 值测验，差异非常显著（$t=4.6661>t_{0.01}$，$P<0.01$）。说明亚成年期处于生长发育阶段，所需能量比成年期高。

表 3-6　黑线仓鼠的日食量　(g)

组别		幼年组	成年组	t 测验 $t_{0.05}=2.025$ $t_{0.01}=2.715$
平均日食量	鲜	11. 03±0. 36	11. 00±0. 27	$T=0.0666<t_{0.05}$ *
	干	3. 93±0. 16	4. 00±0. 10	$T=0.3828<t_{0.05}$ *
日食量/千克体重	鲜	617. 9±29. 2	448. 7±21. 5	$T=4.6661>t_{0.05}$ #
	干	220. 2±12. 4	163. 2±7. 9	$T=3.8807>t_{0.05}$ #

* 差异不显著；#差异非常显著

黑线仓鼠主要吃植物性食物，在35种植物中有9种最喜食，其中4种是人工栽培牧草，5种是杂草。黑线仓鼠平均日食鲜草量为11.0g。在正常年份，黑线仓鼠密度不高时对牧草的为害不重，它们吃掉的部分仅占大面积牧草生长量的很小比例。所以，黑线仓鼠能否造成对牧草的为害，关键取决于其数量。

尽管黑线仓鼠在作物生长季节为害不甚严重，但在作物非生长季节（播种、收获、贮藏期间）为害大。该鼠不冬眠，冬季贮存粮食和牧草种子较多；虽食量不甚大，但贮粮过程中糟蹋得多，不可轻视。从黑线仓鼠的食性看，在作物生长季节，主要以植物的茎叶为食。用毒饵法防治该鼠时应考虑这一特点。用粮食、籽粒作诱饵防治，宜在早春（播种前）和晚秋（收获前后）进行；如果在作物生长季节防治，则会影响灭鼠效果。

六、黑线仓鼠肥满度

肥满度是衡量鼠类身体状况最普通和常用的综合指标，国内已有红背䶄（夏武平和孙崇潞，1963）、大林姬鼠（夏武平和孙崇潞，1964）、黄毛鼠（秦耀亮，1981）、小家鼠（严志堂，1983）、灰仓鼠（钟明明和严志堂，1984）和达乌尔黄鼠（刘振才等，1990）的肥满度报道。

1. 研究方法

肥满度的计算公式为 $K=11W/L^3$，K、W 和 L 分别代表肥满度、体重（g）和体长（cm），K值的大小说明鼠身体状况的好坏。

1984年6—11月、1985—1989年每年3—11月的每月中旬利用直线夹日法在不同栖息地共捕获黑线仓鼠3 008只。并根据头骨右侧上臼齿磨损程度将该鼠划分为5个年龄组（卢浩泉等，1987）即幼年组（Ⅰ）、亚成年组（Ⅱ）、成年1组（Ⅲ）、成年2组（Ⅳ）和老年组（Ⅴ）。鉴于呼和浩特地区的纬度、海拔较山东高，气温较低等原因，在本文所用的标本中没有发现老年组，所以只对Ⅰ~Ⅳ组的黑线仓鼠肥满度进行研究。

2. 肥满度与栖息地

用1984—1989年的资料对黑线仓鼠不同性别、不同年龄组分别作了46组相同月份不同栖息地（苜蓿地、柠条地、草木樨地和沙打旺地等人工草地以及撂荒地）的肥满度显著性测验，相差显著者和极显著者各1组，占总组数的4.35%。这两组是：1987年10月，♂，Ⅱ组，撂荒地8只，草木樨地2只，柠条地3只，$F=5.338$，$df1=2$，$df2=10$，$P<0.05$；1988年7月，♂，Ⅲ组，撂荒地10只，草木樨地3只，柠条地2只，$F=33.322$，$df1=2$，$df2=12$，$P<0.01$。

从46组显著性测验看出，仅2组相差显著，所占比例甚小，而且鼠样本较少（2只和3只）也会带来误差。因此，栖息地对黑线仓鼠肥满度无影响。这同于灰仓鼠和小家鼠而异于达乌尔黄鼠的情况。

3. 肥满度与年龄

根据不同年份对不同性别的黑线仓鼠分别作了46组相同月份不同年龄组的肥满度显著性测验，仅2组相差显著，占4.35%。这两组为：1985年8月，♂，$F=3.323$，$df1=2$，$df2=73$，$P<0.05$；1986年10月，♀，$F=3.124$，$df1=3$，$df2=30$，$P<0.05$。这两组依肥满度大小排列分别为Ⅰ－Ⅱ－Ⅲ和Ⅱ－Ⅰ－Ⅲ年龄组，尚无一定规律，说明不同年龄组的肥满度变化甚微。这同于小家鼠和达乌尔黄鼠而异于灰仓鼠的报道。

故在下文的讨论中不再考虑栖息地和年龄组对肥满度的影响。

4. 肥满度与性别

通过对不同年份不同月份的53组黑线仓鼠肥满度进行性别比较，雄性大于雌性的有8组，相差均不显著，占15.09%。雌性大于雄性的有45组，占84.91%，其中11组相差极显著，7组相差显著，这18组占总组数的33.90%。另据各年平均肥满度的性别检验（表3-7），6年全部相差显著，其中4年相差极显著；6年总平均肥满度雌雄差异也极显著。从变异系数看，雌鼠较雄鼠大。

表3-7　黑线仓鼠年均肥满度的性别差异

年份	雄			雌			t测验
	鼠数（只）	平均数±标准误	变异系数（%）	鼠数（只）	平均数±标准误	变异系数（%）	
1984	361	4.42±0.05	21.81	217	4.16±0.07	22.19	$t=2.186>t_{0.05}$
1985	395	5.04±0.07	28.66	282	5.33±0.08	26.44	$t=2.565>t_{0.05}$
1986	347	4.80±0.05	21.27	313	5.48±0.08	25.48	$t=7.044>t_{0.01}$
1987	189	4.48±0.08	23.58	179	5.01±0.11	29.56	$t=3.951>t_{0.01}$
1988	185	4.86±0.07	20.13	167	5.19±0.10	24.17	$t=2.771>t_{0.01}$
1989	192	4.36±0.07	20.66	176	4.69±0.08	21.33	$t=2.239>t_{0.01}$
合计	1669	4.70±0.03	24.28	1339	5.10±0.04	26.09	$t=8.894>t_{0.01}$

总之，黑线仓鼠肥满度的性别差异是存在的，而且是雌鼠大于雄鼠，这可

能是该鼠的雄性活动距离较雌性大（董维惠等，1989），消耗能量较多的缘故。这同于黄毛鼠和灰仓鼠，而异于红背䶄、大林姬鼠、小家鼠和达乌尔黄鼠。

5. 肥满度的季节变化

1984—1989 年 3—11 月每相邻两月分别作雌雄肥满度均数显著性测验，6—7 月间和 8—9 月间雌雄均相差显著或极显著。雄在 6—7 月，$t=3.070>t_{0.01}$；8—9 月，$t=6.183>t_{0.01}$。雌在 6—7 月，$t=2.121>t_{0.05}$；8—9 月，$t=4.460>t_{0.01}$。除 1984 年外，其余各年不同月份肥满度的 F 测验（表 3-8）雌雄均是显著或极显著。由此可见，黑线仓鼠肥满度的季节差异显著。

黑线仓鼠肥满度的季节变化可分为 3 个阶段（图 3-5）：3—6 月、7—8 月和 9—11 月。把这 3 个阶段人为地规定为春、夏、秋季（基本符合呼和浩特地区的气候特点），雌雄肥满度均是夏季低，春、秋高，与红背䶄、大林姬鼠、小家鼠和灰仓鼠有相同趋势。雄性肥满度秋季（4.91）高于春季（4.68），经统计分析，入冬 11 月与次年开春 3 月的肥满度相差不显著，$t=1.951<t_{0.05}$。而雌性春季（5.30）高于秋季（5.09），入冬 11 月与次年 3 月的肥满度相差显著，$t=2.374>t_{0.05}$，形成春季肥满度较高的状态。黑线仓鼠开春肥满度之所以能维持在较高水平，可能与该鼠冬贮习性和遗传特性有关，越冬期间它们不需很多活动便能得到足够食物，此外每年春季进入繁殖季节，雌鼠肥满度不但不降低，反而增加，为繁殖作体质准备。

表 3-8　黑线仓鼠肥满度的季节变化

年份	雄									
	3 月	4 月	5 月	6 月	7 月	8 月	9 月	10 月	11 月	F 测验
1984	–	–	–	4.04	4.25	4.60	4.28	4.58	4.44	$F=1.809<F_{0.05}$
1985	4.6	14.09	4.57	5.04	4.96	4.22	5.59	5.85	6.54	$F=13.499>F_{0.01}$
1986	4.88	5.17	5.41	5.04	4.07	4.48	4.73	4.99	5.21	$F=7.276>F_{0.01}$
1987	4.77	4.51	4.45	3.81	3.89	4.26	4.78	4.85	5.00	$F=3.439>F_{0.01}$
1988	4.40	4.88	4.73	4.83	4.42	4.18	5.07	4.53	4.79	$F=2.096>F_{0.05}$
1989	4.37	4.03	4.41	4.18	3.93	4.29	4.85	4.44	5.16	$F=3.492>F_{0.01}$
平均	4.67	4.66	4.71	4.67	4.32	4.32	4.89	4.89	4.99	$F=8.963>F_{0.01}$
年份	雌									
	3 月	4 月	5 月	6 月	7 月	8 月	9 月	10 月	11 月	F 测验
1984	–	–	–	4.63	4.67	4.60	4.44	4.58	4.79	$F=0.593<F_{0.05}$

（续表）

年份	雌									
	3月	4月	5月	6月	7月	8月	9月	10月	11月	F测验
1985	5.87	4.74	4.80	5.40	4.94	4.49	5.88	5.67	6.70	$F=8.812>F_{0.01}$
1986	5.95	5.96	6.62	5.73	4.89	5.39	4.82	5.39	4.84	$F=6.413>F_{0.01}$
1987	5.03	5.50	4.72	4.43	5.07	5.07	5.78	4.74	5.22	$F=2.014>F_{0.05}$
1988	5.21	5.35	5.13	5.36	5.70	4.56	5.46	4.56	4.67	$F=2.204>F_{0.05}$
1989	5.42	4.34	4.70	4.67	3.88	4.62	5.65	4.77	4.55	$F=3.332>F_{0.01}$
平均	5.62	5.33	5.25	5.18	4.94	4.76	5.16	4.97	5.20	$F=9.403>F_{0.01}$

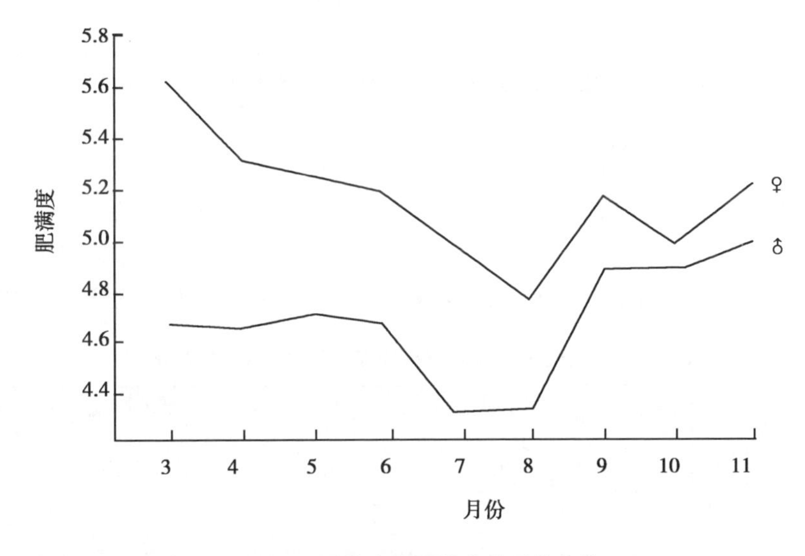

图 3-5　黑线仓鼠肥满度的季节变化

6. 肥满度的年度变化及其与种群数量消长的关系

黑线仓鼠肥满度的年度变化非常明显，雌雄年度变化的 F 测验值分别为 $F=17.280$ 和 $F=17.528$，均大于 $F_{0.01}$，且均呈波浪式起伏，规律性不强（图 3-6），有待于今后积累资料进一步分析。将 1984—1989 年雌雄年均肥满度分别与当年平均捕获率（♂×♀）比较，相关系数分别为-0.345 和-0.068，相关不显著；当年年均肥满度与下一年平均捕获率的相关系数雌雄分别为-0.783和-0.484，也不显著。可见，黑线仓鼠肥满度的年度变化与其种数量的年度消长关系不大。

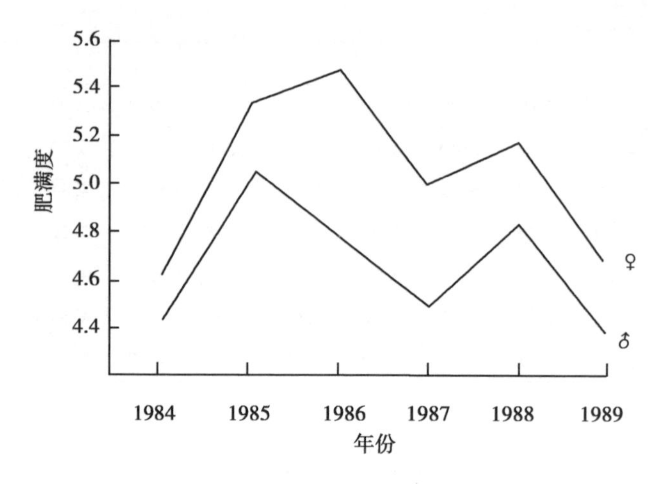

图 3-6　黑线仓鼠肥满度的年度变化

7. 用种群肥满度预测种群数量

将 1984—1989 年各月雌雄平均肥满度分别与各月平均捕获率（♂×♀）相比较（表 3-9），并与当月肥满度和当月捕获率以及每月肥满度与其后各月捕获率作相关分析（表 3-10）。可以看出，所有相关系数无一达到显著程度。

表 3-9　黑线仓鼠肥满度与平均捕获率（♂×♀）的比较

年份	肥满度		捕获率	肥满度		捕获率	肥满度		捕获率	肥满度		捕获率	肥满度		捕获率
	♂	♀	%	♂	♀	%	♂	♀	%	♂	♀	%	♂	♀	%
	3月			4月			5月			6月			7月		
1984										4.04	4.63	5.35	4.25	4.67	5.99
1985	4.61	5.87	2.00	4.09	4.74	1.75	4.57	4.80	2.83	5.04	5.40	3.98	4.96	4.94	4.80
1986	4.88	5.95	1.76	5.17	5.96	1.11	5.41	6.62	1.83	5.04	5.73	2.14	4.07	4.89	1.92
1987	4.77	5.03	0.25	4.51	5.50	0.35	4.45	4.72	1.16	3.81	4.43	1.33	3.89	5.07	1.50
1988	4.40	5.21	2.33	4.88	5.35	1.16	4.73	5.13	1.80	4.83	5.36	1.38	4.42	5.70	2.00
1989	4.37	5.42	0.83	4.03	4.34	0.66	4.41	4.79	1.36	4.18	4.67	0.85	3.93	3.88	1.46
平均	4.67	5.62	1.21	4.66	5.33	0.91	4.71	5.25	1.73	4.67	5.18	2.27	4.32	4.94	2.42
	8月			9月			10月			11月			年平均		
1984	4.60	4.60	6.84	4.28	4.44	7.54	4.58	4.58	9.87	4.44	4.70	4.61	4.42	4.61	6.92
1985	4.22	4.49	4.92	5.59	5.88	5.79	5.85	5.67	3.63	6.54	6.70	2.08	5.04	5.33	3.77

（续表）

年份	肥满度		捕获率	肥满度		捕获率	肥满度		捕获率	肥满度		捕获率	肥满度		捕获率
	♂	♀	%	♂	♀	%	♂	♀	%	♂	♀	%	♂	♀	%
1986	4.48	5.39	2.33	4.73	4.82	3.00	4.99	5.39	2.77	5.21	4.84	1.00	4.80	5.48	2.01
1987	4.26	5.07	1.81	4.78	5.78	0.75	4.85	4.74	2.05	5.00	5.22	1.75	4.48	5.01	1.00
1988	4.18	4.56	1.37	5.07	5.46	0.69	4.53	4.56	1.12	4.79	4.67	0.90	4.86	5.18	1.35
1989	4.29	4.62	1.50	4.85	5.05	0.92	4.44	4.77	1.04	5.16	4.55	0.33	4.38	4.69	1.02
平均	4.32	4.76	1.82	4.89	5.16	2.61	4.89	4.97	3.01	4.99	5.20	5.06	4.70	5.10	2.18

表 3-10　黑线仓鼠各月肥满度与各月捕获率的相关矩阵表

♂♂ / ♀♀	3月	4月	5月	6月	7月	8月	9月	10月	11月
3月	-0.187 / 0.052	-0.055	0.019	-0.200	0.028	0.243	0.308	0.641	0.488
4月	0.713	-0.020 / -0.102	-0.158	-0.168	-0.367	-0.364	-0.212	-0.020	-0.142
5月	0.702	-0.160	0.166 / 0.057	0.163	-0.071	0.001	0.218	0.314	-0.132
6月	0.695	-0.037	0.062	0.767 / 0.271	0.039	-0.053	0.110	-0.250	-0.330
7月	0.569	-0.279	0.037	-0.031	0.601 / -0.018	0.472	0.523	0.171	0.223
8月	0.656	-0.206	-0.081	-0.099	-0.112	0.599 / -0.352	0.620	0.798	0.642
9月	0.810	-0.106	0.144	0.071	-0.117	-0.274	-0.141 / -0.382	-0.538	-0.453
10月	0.708	-0.197	0.244	-0.234	-0.114	-0.190	-0.591	0.010 / -0.128	0.076
11月	0.119	0.174	-0.232	-0.329	0.307	-0.239	-0.390	-0.160	-0.244 / 0.160

* $n=6$，$r_{0.05}=0.811$，$r_{0.01}=0.917$

另外，1984—1989 年黑线仓鼠 10 月的捕获率最高，9 月次之。因此，试用9 月和 10 月的平均肥满度（♂×♀）分别预测翌年 3—11 月的种群密度，其相关系数分别为：0.284、0.529、0.693、0.275、-0.192、-0.300、-0.275、-0.600、-0.455 和 0.316、0.728、0.809、0.291、0.264、0.251、0.367、-0.064、-0.140，相关均不显著。结果同于大林姬鼠、黄毛鼠、小家鼠和灰仓鼠，异于红背䶄。尽管用 9 月和 10 月肥满度预测翌年 5 月捕获率的相关系数（0.693 和 0.809）较预测其他月份的相关系数高，但也未能达到显著水平，这说明黑线仓鼠 9 月和 10 月肥满度可能影响翌年春季的种群数量，但不能作为预测其种群数量的主要指标。

七、黑线仓鼠的巢区和活动距离

从 1909 年 Selton 开始，生物学家在兽类研究中使用了巢区这一概念。通常认为，巢区是一个动物或一个“家族”在巢区附近进行取食，交尾，育幼和隐藏等日常活动的区域。Sanderson（1966）关于啮齿动物巢区的研究曾作过综述；郑生武等（1982）对啮齿动物巢区的划分介绍了多种图形法和应用统计的方法。自 20 世纪 60 年代以来，国内许多学者先后对多种啮齿动物的巢区用标志流放法进行了研究，如大林姬鼠（夏武平，1961），黑线姬鼠（夏武平和龙志，1978），蒙古黄鼠（吴德林等，1978），布氏田鼠（中国科学院动物研究所生态室一组，1979），根田鼠（孙儒泳等，1982），黑腹绒鼠（鲍毅新和诸葛阳，1986）和中华姬鼠（吴德林等，1987）。关于黑线仓鼠的巢区报道较少。

1. 样地概况和工作方法

1987 年 6—9 月，在呼和浩特地区用标志流放法调查了黑线仓鼠的巢区和活动距离及其种群密度。调查样地位于内蒙古自治区呼和浩特市西南方远郊，托克托县永圣域乡人工围栏的放牧草场上。地形平坦，平均海拔 1 030 m。

样地内原生植被已破坏，主要植被为猪毛菜（*Salsola collina*）、胡枝子（*Lespedeza davurica*）；其次是扁蓄豆（*Medicago ruthenica*）、苦荬菜（*Ixeris chinenis*）、田旋花（*Convolvulus arvensis*）北山莴苣（*Lactuca sibirica*）；还有少量的斜茎黄花（*Astragalus adsurgens*），狗尾草（*Setaria viridis*），芦苇（*Phragmites australis*）和披针叶黄华（*Thermopsis lanceolata*）等。

样地 $4hm^2$，采用方格布笼，笼间距 10m，共放 400 个捕鼠笼，每个笼子按顺序编号。1987 年 6—9 月，每 1—10 日用标准流放法进行调查。每天 20 时开笼，翌日 6 时检查。黑线仓鼠为夜间活动的鼠种，呼和浩特地区 5 月和 10

月的气候比较寒冷，捕鼠在笼内关一夜大部分冻死，影响重捕，故只能在6—9月进行观察。

捕获鼠剪趾标志，记录每次捕获的日期和捕获鼠笼号、性别并称其体重，然后在原地把鼠释放。调查期间共捕获鼠134只，全部标志，其中黑线仓鼠106只，捕捉627次，五趾跳鼠（*Allactaga sibirica*）28只，捕获65次。未捕获其他鼠种。

标志调查的同时，每月上旬在样地外的牧场上放置800～1 000个夹日，进行鼠类调查，捕获鼠全部称重、测量、解剖、记录繁殖情况，作为对照观察。

2. 巢区和活动距离

对于鼠类巢区的研究虽然较多，但对巢区面积的估计方法，许多学者还无统一看法。国内多用图形法（夏武平，1961，1978；吴德林等，1978，1987；中国科学院动物研究所生态室一组，1979；鲍毅新等，1986）。孙儒泳等（1982）利用包括周边地带法、圆形法、椭圆形法和简化平均值法计算了根田鼠的巢区面积，认为平均值法，简化平均值法与包括周边地带法计算的结果相近。Stickel（1954）认为包括周边地带法比不包括周边地带法计算的巢区面积偏高，因为包括周边地带法受笼距的影响。

我们注意到了上述各家的观点，同时考虑到包括周边地带法的结果略偏高的倾向，因而我们布放的笼距较小（仅为10m），并利用包括周边地带法以一只鼠捕获5次以上，计算它们的巢区和活动距离，把成、幼不同性别鼠的巢区面积和活动距离列于表3-11。以体重作为划分成幼鼠的标准，18g以上为成鼠，以下为幼鼠。同时以雌性乳头发育情况和雄性睾丸是否下降作为参考。

表3-11　黑线仓鼠的巢区面积与活动距离

组别	只数	巢区面积（m^2）			活动距离（m）		
		范围	平均值+标准误	检验	范围	平均值+标准误	检验
成年雄性	22	1 300～28 250	76 841±1 736. 6	2. 71>$t_{0.05}$	53. 9～240. 8	135. 9±12. 4	2. 13>$t_{0.05}$
成年雌性	17	700～9 500	2 720. 6±576. 0		44. 7～261. 7	95. 5±14. 3	
幼年雄性	6	400～3 200	166. 0±383. 0	1. 71	41. 2～130. 4	78. 3±12. 5	1. 75
幼年雌性	9	700～7 950	3 066. 7±767. 0		53. 8～202. 5	117. 8±18. 8	

从表3-11看出，成年雄鼠的巢区和活动距离都大于雌鼠（经t值测验，t值分别为2. 71和2. 13，均大于$t_{0.05}$，差异显著），这种情况较为普遍。如黑线姬鼠、布氏田鼠、根田鼠、黑腹绒鼠和中华姬鼠；而达乌尔黄鼠、黑腹绒鼠的

巢区和活动距离是雌性大于雄性。同一性别不同年龄鼠的巢区进行比较，雌性成、幼间 t 值分别为 0.36 和 0.94，小于 $t_{0.05}$，没有显著差异；而雄性成、幼间 t 值则分别为 3.42 和 3.27，均大于 $t_{0.01}$，差别非常显著。雄性成鼠巢区和活动距离大于幼鼠，可能与性成熟有关。雄鼠性成熟后寻找异性交配等增加了活动范围。

计算动物巢区面积究竟要捕捉多少次动物方能准确呢？Davis（1953）认为需要捕捉 15 次以上，O'Farrell（1978）认为应重捕 5 次以上。国内学者利用方格布笼计算巢区面积时重捕次数也不完全一致：黑线姬鼠 6 次以上、根田鼠 5 次以上、黑腹绒鼠 4 次以上，中华姬鼠 10 次以上。

我们将捕捉同一只鼠 5 次、7 次、10 次是划定的巢区面积进行比较（表 3-12），见到黑线仓鼠的巢区面积随着捕捉次数的增加而增大，但彼此差异并不显著。因此，在划定黑线仓鼠的巢区时，我们认为重捕 5 次就可以了。

表 3-12　不同捕次数巢区面积变化

捕获次数 项目	♂			♀		
	5	7	10	5	7	10
巢区数目	5	7	10	12	12	12
巢区平均面积（m^2）	1 586.36	1 700.00	2 081.82	4 529.17	5 329.17	10 375.00
t 测验	$t=0.0875<t_{0.05}$		$t=0.3903<t_{0.05}$	$t=0.1394<t_{0.05}$		$t=0.4856<t_{0.05}$

我们在 4 个月 103d 内，共放鼠笼 78 个夜晚，及每月放 9~10 个夜晚。重捕 5 次以上的鼠 43 只，超过 15 次的只有 6 只。在一个月内重捕 5 次以上的更少。有不少鼠，虽然在样地内存留较久，但重捕次数未超过 5 次。如 11 号鼠、74 号鼠，在样地内停留 40d 以上，但仅捕获 3 次（40d 内放置 20 个夜晚）。7 号、25 号、75 号和 92 号鼠均在样地内停留 40d 以上，捕获过 4 次（40d 内置笼 19 个夜晚）。有的重捕虽然超过 5 次，但相隔时间较长，如在 40d 内 55 号鼠捕过 5 次，91 号鼠捕过 6 次；60 号鼠和 65 号鼠虽然捕获 6 次，但时达 72d。那么，以重捕 5 次划定巢区是否有点少呢？对于雌鼠完全可以了，如 22 号鼠 4 个月内捕获 24 次，7 月份捕获过 9 次有 5 次在同一个笼捕获，其他 4 次都在相邻的笼内捕获；说明 22 号鼠 4 个月内巢区变化很小，5 次足够了。43 号鼠，3 个月内捕获 24 次，每个月进笼都比较集中。可见，黑线仓鼠雌性巢区较小。

3. 巢区间的相互关系

把 7—9 月样地内重捕 5 次以上的鼠，以不同的性别和年龄的巢区绘制成平面图（图 3-7）。6 月重捕 5 次以上的鼠太少，仅有 2 只，雌雄各 1 只，未绘出。从图中看出，同性个体间、异性个体间及不同年龄个体间的巢区都有重叠（雌性 9 月未重叠）。同时，雄性个体的巢区重叠程度比雌性的大。这种现象与黑线姬鼠（夏武平，1978）、根田鼠（孙儒泳，1982）、黑腹绒鼠（鲍毅新等，1986）和中华姬鼠（吴德林等，1987）的相似。成年雌鼠在繁殖季节（7 月、8 月）巢区重叠较重，7 月有 10 只重叠，2 只不重叠，重叠率为 83.3%；8 月有 9 只重叠，1 只不重叠，重叠率为 90.0%；9 月的 3 只都不重叠。这种情况与大林姬鼠、黑线姬鼠和中华姬鼠相同；而与根田鼠在繁殖季节成年雌鼠绝大多数巢区不重叠的特性不同。可见，不同鼠的巢区特征是有差别的。

雄性巢区 7—9 月彼此都有重叠，但重叠程度，从 7—9 月逐月减轻。

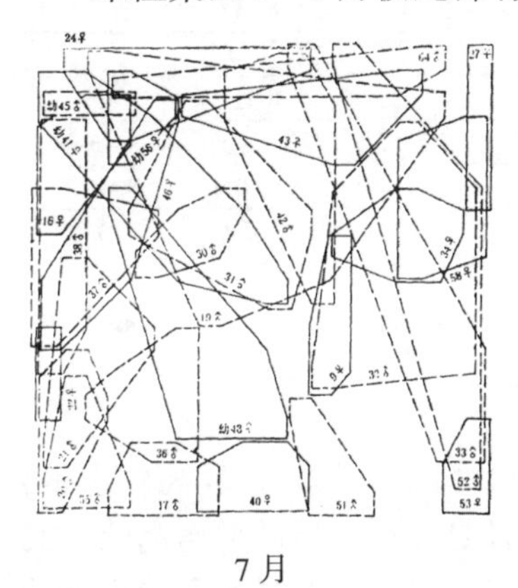

7 月

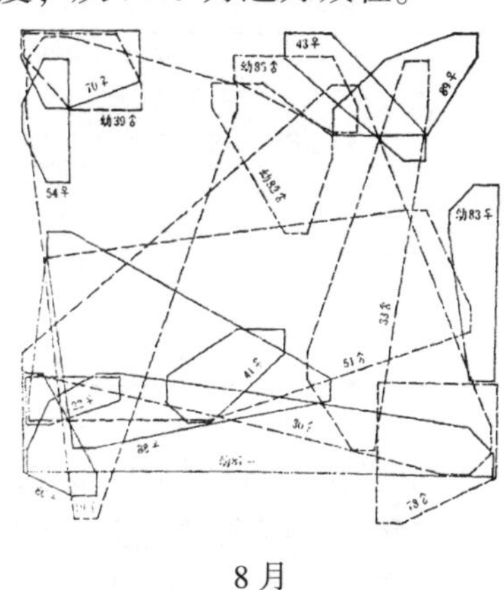

8 月

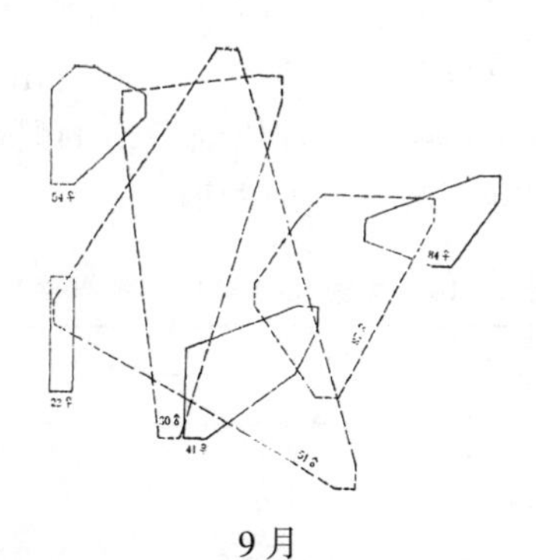

9 月

图 3-7　黑线仓鼠巢区的相互关系（图上数字为个体号）

4. 巢区和活动距离的变化

黑线仓鼠巢区和活动距离的变化列于表3-13。

7—9月雄鼠的巢区面积与活动距离逐月增大，而且一直大于雌鼠的。相邻两月的巢区面积之间，经t值测验，7、8月（t = 1.25）与8、9月（t = 0.49）的差异均不显著。相邻两月间的活动距离经t值测验，也没有显著差异（7—8月，t=0.93；8—9月，t=0.77）。说明雄性成鼠在繁殖期间，巢区与活动距离均处于较高的水平，但总的趋势是上升的，出现这种情况与种群的密度和繁殖是有关的。我们利用Hayne（1949）氏计算密度的方法计算了样地内鼠的密度（表3-14）。同时，将6—9月利用夹日法捕获的黑线仓鼠雌雄繁殖情况列于表3-15。

表3-13 黑线仓鼠在不同月份的巢区与活动距离（N=个体数目）

性别	巢区（m^2）				活动距离（m）			
	6月	7月	8月	9月	6月	7月	8月	9月
	N=1♂	N=17♂	N=8♂	N=3♂	N=1♂	N=17♂	N=8♂	N=3♂
	N=1♀	N=14♀	N=10♀	N=4♀	N=1♀	N=14♀	N=10♀	N=4♀
♂	1 600.0	3 408.8 ±742.8	6 281.3 ±2 175.1	7 916.7 ±2 512.4	78.1	103.6 ±12.0	128.4 ±23.8	157.7 ±29.2
♀	4 150.0	2 035.7 ±355.0	2 075.0 ±663.9	1 275.0 ±269.6	202.5	83.9 ±9.7	82.9 ±15.7	63.2 ±6.0

由表3-15看出，7—9月雄性睾丸下降率和具精子率都处在较高的水平，7月雌鼠怀孕率和雄性睾丸下降率最高，说明7月是黑线仓鼠的繁殖高峰。又由表4看出，7月密度最高，这样雄雌之间接触机会较多，雄鼠无须走很远就可遇到发情雌鼠，所以7月雄鼠巢区和活动距离最小。8—9月参加繁殖的雌鼠减少，而参加繁殖的雄鼠较7月减少不多，同时由于8—9月的鼠密度也比7月低，雄鼠遇到雌鼠的机会减少，要找到发情的雌鼠就需要增加活动距离，因此，8—9月雄性巢区和活动距离逐渐增加。

表3-14 黑线仓鼠各月的种群密度

月份	鼠密度（只/hm^2）		总计	性比
	♂	♀		♂/♀
6	6.17	3.13	9.30	1.97
7	8.55	5.73	14.28	1.49
8	4.13	3.87	8.00	1.08
9	4.22	3.49	7.71	1.07

表 3-15 黑线仓鼠的繁殖情况

月份	♀			♂		
	鼠数	孕鼠数	怀孕率（%）	鼠数	睾丸下降数	下降率（%）
5	8	4	50.00	4	2	50.00
6	7	2	28.57	6	3	50.00
7	14	5	35.71	11	8	72.73
8	9	2	22.22	10	7	70.00
9	3	1	33.33	4	2	50.00

雌性在7—8月的巢区面积最大，几乎相等，巢区重叠也高。到9月巢区不再重叠，而且巢区面积与活动距离均减少。但经t值测验，没有显著差异（8—9月巢区=1.04，活动距离=1.17）。可见，黑线仓鼠的巢区和活动距离在7—9月变化不明显。

八、黑线仓鼠种群繁殖生态

黑线仓鼠是我国北方广泛分布的鼠种，主要以植物种子为食，当其数量处于高峰时，对农作物和栽培牧草均能形成严重危害，数量在低谷期不会造成危害。迄今有关该鼠的研究，多数是种群动态方面的报道，张洁对黑线仓鼠繁殖生态作了专门研究，是依据2年多的资料。本书利用连续30年的调查资料，研究了黑线仓鼠繁殖生态。

1. 研究方法

1984—2013年，每年4—10月，每月中旬利用直线夹日法，中国农业科学院草原研究所在呼和浩特试验场和托克托县永圣域乡的不同作物地、栽培牧草地和放牧草场上进行调查。用2号板夹，行距50m、夹距5m，花生米作诱饵捕鼠。捕获鼠经鉴定分类后，逐只称重、测量、解剖，详细观察记录生殖系统发育情况。雄性记录睾丸、附睾、精巢重量、睾丸、精巢的横径和纵径、睾丸是否下降等，在显微镜下观察精子是否成熟。详细观察雌性乳腺、子宫发育情况、胎仔数、胎盘斑数等。

2. 黑线仓鼠性比

性比用雌性比表示，即♀/（♂+♀）×100%。性比是反映动物种群的基本特征之一，是研究鼠类种群繁殖生态的重要内容。30年共捕获黑线仓鼠6 703只，雌性3 379只，雄性3 324只，总性比为50.41%，接近1∶1，与

1∶1相比经 t 值测验，$t=0.307<t_{0.05}=1.96$，2 者无显著差异。将 30 年黑线仓鼠性比的年度和季节变化列于表 3-16。

表 3-16　1984—2013 年呼和浩特地区黑线仓鼠的性比

年份	4 月	5 月	6 月	7 月	8 月	9 月	10 月	4—10 月
1984	—	—	46.77	45.45	36.49	36.50	28.65	36.26
1985	37.04	38.00	56.41	42.06	38.14	36.96	31.03	39.83
1986	6.07	48.83	56.52	46.62	40.00	43.75	52.58	47.76
1987	43.64	52.78	61.22	48.89	43.08	50.00	49.12	49.25
1988	63.64	57.89	56.82	49.23	26.09	41.46	40.00	46.51
1989	57.50	40.23	62.79	34.04	46.94	39.62	57.78	47.84
1990	—	67.90	—	63.16	—	69.70	—	65.21
1991	55.00	61.29	60.00	41.86	61.76	44.44	—	54.87
1992	56.67	49.12	49.37	44.44	55.56	60.00	60.78	52.54
1993	53.66	64.29	47.06	75.86	59.26	84.38	65.12	64.84
1994	66.67	44.45	43.75	53.13	60.00	32.50	40.00	48.95
1995	54.55	50.00	50.00	41.67	33.33	42.86	50.00	47.66
1996	58.82	40.00	39.13	43.48	55.56	54.76	61.76	51.31
1997	60.00	62.16	53.66	56.82	46.15	49.21	43.64	51.86
1998	67.74	67.86	52.00	61.90	46.43	44.26	55.38	54.83
1999	48.89	48.94	51.28	47.06	50.00	52.78	53.85	50.19
2000	54.29	65.00	60.00	55.74	55.36	54.55	48.15	55.94
2001	70.73	60.38	47.50	50.88	48.21	51.52	52.94	53.67
2002	54.55	58.97	52.17	64.29	66.67	55.56	54.55	57.26
2003	48.15	58.06	47.27	64.86	53.17	48.05	70.00	53.88
2004	51.72	55.88	54.84	62.75	50.00	53.85	61.11	57.67
2005	57.14	57.14	56.52	54.08	56.52	45.45	60.00	54.94
2006	50.00	61.54	60.00	73.68	66.67	71.43	57.14	61.63
2007	62.50	47.37	72.73	57.14	75.00	61.54	50.00	58.89
2008	60.00	66.67	63.50	57.14	63.64	60.00	61.54	62.32
2009	28.60	65.00	61.50	66.67	66.67	40.00	58.30	56.30
2010	60.00	60.00	70.00	61.50	50.00	0	40.0	56.30

（续表）

年份	4月	5月	6月	7月	8月	9月	10月	4—10月
2011	100.00	50.00	100.00	71.73	50.50	42.86	33.33	61.29
2012	25.00	60.00	60.00	100.00	00.00	100.00	0	56.25
2013	100.00	100.00	40.00	50.00	33.33	50.00	100.00	59.09
1984—2013	53.70	54.28	53.76	51.45	47.13	46.74	47.10	5 041

（1）黑线仓鼠性比年度的变化。30 年中，1984 年和 1985 年雌性比最小，分别为 36.26%和 39.83%，与性比 1∶1 经 t 值测验，t 值分别为 3.672 和 3.443 均大于 $t_{0.01}=2.576$，差异非常显著。其余各年度虽然性比大小不同，在 46.00%~62.00%，他们分别与 1∶1 之间作 t 值测验，46%的 t 值为 0.851，62%的 t 值为 1.153，均小于 $t_{0.05}=1.96$，无显著差异，它们均未偏离 1∶1。30 年中，性比偏离 1∶1 的有 7 年，占 23.30%。性比年度变化经方差分析，$F=2.31>F_{0.05}=1.84$（df=30，140）差异显著。由以上分析看出，黑线仓鼠性比虽然有年度差异，但偏离1∶1 的较少。

性比年度变化差异较大，是受多种因素影响，如年龄组成和种群数量变化等。呼和浩特地区黑线仓鼠年度性比变化与种群数量变化相关，1984—2004 年性比变化与种群数量变化呈非常显著负相关，$r=|-0.605|>r_{0.01}=0.561$（df=18）。内蒙古达拉特旗 1991—1998 年黑线仓鼠性比变化与种群数量也呈非常显著负相关 $r=|-0.980|>r_{0.01}=0.834$（df=6）。8 年中除 1998 年雌性多于雄性，性比为 53.70%外，其余 7 年均是雄性多余雌性，与该地黑线仓鼠捕获率低有关（侯希贤等，1993）。而内蒙古正镶白旗典型草原区黑线仓鼠性比与年度数量变化相关不显著（$r=0.505<r_{0.05}=0.745$，df=5）（周庆强等，1982），北京地区黑线仓鼠性比也与年度数量变化无关，可见，性比变化有地区差异。正镶白旗和北京地区黑线仓鼠黑线仓鼠性比与年度数量变化不相关，可能由于调查时间较短有关。北京地区 1983 年和 1984 年，均是雌性多余雄性，可能这两年黑线仓鼠正处在低谷期。呼和浩特地区在 1984 年和 1985 年，黑线仓鼠数量分别处于高峰和下降期，雌性比小于 50%，雄性显著多余雌性，是 30 年中雄性数量最高的两年。白旗典型草原区布氏田鼠（*Miccotus brandti*）1987 年和 1988 年分别处于数量高峰期和下降期，年平均性比分别为 48.13%和 40.52%，数量高峰期雄性显著多余雌性（董维惠等，1991）；在内蒙古呼伦贝尔草原，布氏田鼠在数量高峰期，

同样是雄性多余雌性（张洁和钟文勤，1979）。呼和浩特地区长爪沙鼠（*Meriones unguiculatus*）1984—2002 年年均性比为 54.64%，雌性多余雄性，在低谷期为 58.29%，高峰期为 52.43%（董维惠等，2004）。由以上分析看出，鼠类年均性比在数量高峰期是雄性多余雌性，在数量低谷期是雌性多余雄性，黑线仓鼠年均性比也符合这一规律。

（2）黑线仓鼠性比的季节变化。由表 3-16 看出，黑线仓鼠各月的性比不完全相同，4—6 月雌性高于雄性，7 月两性数量接近，性比为 50.32%，8—10 月性比变小，均低于 50%，说明到秋季雄性增多。尽管各月性比有变化，但经方差分析，$F=1.13<F_{0.05}=2.10$（df=6.139），各月性比变化无显著差异。

呼和浩特地区黑线仓鼠的性比，1984—1989 年雄性多于雌性，雌性比小于 50%；1990—2004 年除 1997 年外，均是雌性多余雄性，雌性比大于 50%。如此比较明显的变化，是和种群的数量有关，1984—1989 年年均捕获率为(2.92±0.87)%（为前阶段），而 1990—2004 年年均捕获率为（1.25±0.17)%(为后阶段)，因而表现为雌性比前一阶段比后一阶段小。

1984—1989 年性比中，幼年组和亚成年组的雌性多于雄性，成年组的雄性多于雌性（侯希贤等，1991），北京地区性比与年龄组的关系和呼和浩特地区的相同。本书中仅用各年龄组的平均值，未将各年龄组分开解析，主要考虑到幼年组每年数量较少（因为体重小、活动范围小、不易捕获），亚成年组也相对较少，用各年龄组的平均值较符合实际，故没有按年龄组分别讨论。

3. 雄性繁殖特征

雄性繁殖在鼠类繁殖生态中具有重要的作用，因此，在研究黑线仓鼠繁殖生态时，着重记录了：睾丸、精巢和附睾的重量，测量了睾丸和精巢的长径和横径，睾丸是否下垂以及附睾中精子成熟情况等。经过多年的观察，发现睾丸、精巢的长、宽度和重量变化与季节有明显的关系。当附睾重量在 0.4g 以上、睾丸重量超过 1.0g、长度在 10mm 以上时，睾丸降至阴囊中，在显微镜下观察精子也成熟了，二者是同步的。因此可以用睾丸下降率表示雄性的繁殖强度。将 1984—2013 年雄鼠睾丸下降率列于表 3-17。

表 3-17　1984—2013 年呼和浩特地区黑线仓鼠睾丸下降率　(%)

年份	4 月	5 月	6 月	7 月	8 月	9 月	10 月	4—10 月
1984	—	—	81.82	50.00	29.78	2.30	0	18.77
1985	100	90.32	88.24	62.90	27.40	5.75	0	38.17

（续表）

年份	4月	5月	6月	7月	8月	9月	10月	4—10月
1986	89.75	66.67	70.00	71.43	21.21	12.95	0	45.00
1987	61.29	64.71	68.42	78.26	59.46	33.77	3.45	52.07
1988	50.00	93.75	84.27	84.58	50.00	16.67	0	45.96
1989	64.71	67.84	81.25	74.19	46.15	12.50	0	48.52
1990	—	62.50	—	92.86	—	20.00	—	62.50
1991	55.56	58.33	59.83	88.00	46.15	10.00	—	67.65
1992	61.54	51.72	80.00	75.00	33.33	0	5.00	53.57
1993	57.89	73.33	92.59	100.00	100	100	46.67	77.78
1994	57.14	58.33	88.89	100.00	100	100	77.78	83.56
1995	100	83.33	88.89	85.71	100	75.00	80.00	87.50
1996	85.71	80.00	100	76.92	66.67	42.11	0	62.37
1997	75.00	64.29	63.16	63.16	67.86	21.88	0	43.87
1998	100	88.89	83.33	62.50	46.67	52.94	13.79	52.99
1999	73.91	75.00	63.16	77.78	65.00	64.71	66.67	69.92
2000	75.00	71.43	77.27	66.67	84.00	50.00	28.57	63.16
2001	100	66.67	57.14	96.43	68.97	31.25	56.25	67.68
2002	80.00	93.75	100	100	50.00	57.00	10.00	90.57
2003	78.57	69.29	86.21	92.31	81.81	74.07	16.67	76.99
2004	64.29	91.76	85.71	94.74	87.50	83.33	10.00	78.75
2005	100	88.89	50.00	64.71	70.00	16.67	33.33	58.44
2006	90.91	100	50.00	80.00	50.00	50.00	66.67	78.29
2007	66.67	70.00	33.33	100	100	60.00	60.00	67.57
2008	75.00	80.00	66.67	66.67	100	0	40.00	65.38
2009	100	57.14	80.00	33.33	50.00	50.00	60.00	66.67
2010	75.00	100	66.67	40.00	60.00	0	50.00	67.71
2011	0	50.00	0.00	50.00	50.00	25.00	0.00	33.33
2012	66.67	50.00	100	0.00	0.00	0.00	0.00	71.43
2013	0.00	0.00	66.67	100.00	0.00	0.00	0.00	44.44
1984—2013	76.74	73.95	78.25	75.20	50.20	26.49	14.44	53.69

（1）睾丸下降率的年度变化。30 年中，睾丸下降率变化大，波动在 18.77%~90.57%，经方差分析，$F=2.086>F_{0.05}=1.81$，$<F_{0.01}=2.36$，差异显著。睾丸下降率的变化与种群数量变化呈非常显著负相关，$r=|-0.722|>r_{0.01}=0.561$ df=18。1984 年和 1985 年年均捕获率分别为 6.92%和 3.63%，处在高峰和下降期，这两年相应的睾丸下降率最低，分别为 18.77%和 38.17%。自 1986 年随着捕获率的降低，睾丸下降率升高。由此看出，睾丸的下降率是影响种群数量变化的重要因素之一。

（2）睾丸下降率的季节变化。黑线仓鼠雄性睾丸下降率季节变化非常明显，30 年中 4—10 月各月平均下降率，经方差分析，$F=18.08>F_{0.01}=5.65$（df=7.140），差异非常显著。从表 3-17 看出，睾丸下降率在 4—10 月有两个高峰，即 4 月和 6 月。

4 月下降率与 6 月的相比，经 t 值测验 $t=0.82<t_{0.05}=1.96$，二者无显著差异。5 月较 4 月略有降低，但也无显著差异（$t=0.62<t_{0.05}=1.96$），7 月下降率略低于 6 月，比 4 月还高，7 月下降率与 6 月也无显著差异（$t=0.47<t_{0.05}=1.96$）。4—7 月为黑线仓鼠雄性繁殖高峰期，8 月睾丸下降率开始下降，与 9 月下降率有非常显著差异（$t=8.466>t_{0.01}=2.576$）。9—10 月睾丸下降率更低，10 月仅为 14.44%。

（3）雄性繁殖期。1984—2013 年 30 年中，只在 1984 年 11 月至 1985 年 4 月进行连续调查，其余各年均是从 4 月开始至 10 月结束。1984 年 11—12 月睾丸均未下降。1985 年 1—2 月共捕获 16 只雄鼠，睾丸全部下降，说明越冬鼠在 1 月中旬性已开始成熟，因此 1—10 月为睾丸下降期，真正参加交配开始于 2 月中旬至 3 月初，结束于 9 月。因为 30 年中仅 1987 年和 2004 年的 10 月分别有 2 只和 1 只雌鼠怀孕。雌鼠怀孕期以 20~22d 计算，10 月中旬捕获，最晚交配也在 9 月底至 10 月初。可见，呼和浩特地区黑线仓鼠雄性成熟开始于 1 月，结束于 10 月，参加交配开始于 3 月初（因为在 4 月解剖的雌鼠中已产过仔，有的还是第二次怀孕（如表 3-18），结束于 9 月。雄性繁殖期的长短有年度差异：1984—1989 年，仅 1987 年 10 月睾丸下降率为 3.45%，其余各年 10 月均未捕到睾丸下降的鼠。1990—1991 年 10 月未调查，不能确定 10 月是否有睾丸下降的鼠。1992—2013 年只有 1996 年和 1997 年及 2011—2013 年 10 月无睾丸下降的鼠，其余各年 10 月均有睾丸下降的鼠。1984—1989 年雄性繁殖期比 1992—2010 年少 1 个月，显然与该鼠的数量多少有关。睾丸下降率与性比变化十分一致。1984—1989 年雄性多余雌性，而睾丸下降结束于 9 月（1987 年例外），后一阶段（1992—2013

年）雄性少于雌性，睾丸下降结束于10月（1996年和1997年例外）。每年11—12月为雄性繁殖休止期。

雄性性成熟的早晚与出生季节有关，在实验室内繁殖该鼠时观察到，凡是在春季出生的鼠睾丸在出生后52~55d就下降；秋季出生的鼠经过冬季，第2年春天性才成熟，是在出生后第97~122d（平均91.86d）睾丸才下降。可见，春季出生的鼠当年就可参加繁殖，6—7月睾丸下降率高，是由于当年春季出生的鼠参与繁殖的缘故。秋季睾丸下降率低，是当年秋季出生的鼠性未成熟和成年鼠停止繁殖的缘故。

4. 雌性繁殖特征

雌性繁殖包括怀孕率、胎仔数、具有胎盘斑率、2次怀孕率等，胎仔数为肉眼可见的胚胎数，不包括受精后胚胎未着床的个体。

（1）怀孕率。怀孕率是指每月怀孕鼠占所有解剖雌鼠的百分率。1984—2013年黑线仓鼠怀孕率见表3-18。30年共解剖黑线仓鼠雌鼠3 383只，其中怀孕鼠886只，年均怀孕率为（26.19±1.57)%。

表3-18　呼和浩特地区黑线仓鼠1984—2013年怀孕率　（%）

年份	4月	5月	6月	7月	8月	9月	10月	4—10月
1984	—	—	51.72	42.86	37.04	0.00	0.00	20.64
1985	80.00	63.16	45.45	46.67	53.33	1.96	0.00	39.68
1986	31.71	45.45	44.23	38.46	59.05	21.43	0.00	30.47
1987	12.50	47.37	26.67	45.45	42.85	53.85	7.14	31.10
1988	21.43	18.18	68.68	59.38	58.33	17.63	0.00	37.86
1989	43.48	47.37	37.04	6.25	30.43	4.76	0.00	24.52
1990	—	15.38	—	50.00	—	17.39	—	30.00
1991	27.27	36.84	38.89	38.89	37.10	0	—	33.87
1992	41.18	53.57	23.08	18.75	26.67	22.22	0.00	25.80
1993	27.27	48.15	25.00	18.18	6.25	7.41	0.00	19.28
1994	35.71	10.00	0.00	17.64	0.00	0.00	0.00	12.86
1995	0.00	33.33	33.33	20.00	0.00	0.00	0.00	11.76
1996	40.00	30.00	33.33	50.00	46.67	0.00	0.00	22.45
1997	38.89	34.76	36.36	8.00	4.17	6.45	0.00	16.77

（续表）

年份	4月	5月	6月	7月	8月	9月	10月	4—10月
1998	19.05	26.32	7.69	7.69	23.08	0.00	0.00	9.86
1999	31.82	26.09	10.00	18.75	25.00	5.26	0.00	17.91
2000	21.05	50.00	57.58	33.35	32.26	29.17	0.00	33.16
2001	41.38	43.75	28.95	13.79	37.04	29.41	0.00	29.47
2002	25.00	33.78	25.00	33.33	0.00	20.00	0.00	25.35
2003	23.08	38.89	53.85	33.33	50.00	24.00	0.00	33.33
2004	0.00	42.11	29.41	28.13	12.50	28.57	9.09	23.85
2005	0.00	50.00	53.85	40.00	30.78	10.00	0.00	31.91
2006	0.00	25.00	66.67	35.71	25.00	20.00	0.00	20.75
2007	0.00	11.11	25.00	50.00	11.11	12.50	0.00	9.43
2008	33.33	30.00	20.00	50.00	42.86	0.00	0.00	25.58
2009	25.00	84.63	12.50	16.67	25.00	0.00	0.00	56.30
2010	33.33	50.00	42.86	50.00	40.00	0.00	0.00	38.89
2011	50.00	0.00	25.00	0.00	50.00	0.00	0.00	15.79
2012	0.00	0.00	33.33	0.00	0.00	0.00	0.00	11.11
2013	50.00	0.00	0.00	50.00	0.00	0.00	0.00	15.38
1984—2013	28.03	39.39	37.24	32.40	34.02	11.50	0.60	26.19

①怀孕率的年度变化。黑线仓鼠在怀孕率年度间变化较大，怀孕率较低是1998年、1994年、1995年、2007年和2012年，年均怀孕率分别为9.86%、12.86%、11.76%、9.43%和11.11%。1989年年均怀孕率最高为39.68%，是最低年怀孕率的4.02倍。经方差分析，$F=1.83>F_{0.05}=1.81$，年度怀孕率差异显著。年均怀孕率与年均捕获率呈负相关，$r=|-0.368|<r_{0.05}=0.456$（df=17），未达到显著相关的程度。1991—1998年我们在达拉特旗，对黑线仓鼠繁殖生态进行了研究，该地年均怀孕率与年均捕获率呈显著负相关（董维惠等，2003）。由以上看出黑线仓鼠的怀孕率是影响其种群数量变动的重要因素之一。

黑线仓鼠年均怀孕率有明显的地理差异，由北向南怀孕率逐步降低，黑龙江为36.25%（张知彬等，1991），正镶白旗为28.50%、呼和浩特为26.20%、达拉特旗为23.06%（董维惠等，2003）、河南为35.32%（吕国强等，1996）、山东为36.26%（姜运良等，1994）、安徽淮北为23.70%（朱盛侃和秦知恒，1991），其中河南稍偏高。

②怀孕率的季节变化。30年中4—10月各月平均怀孕率的变化有两个波峰，在5月和8月，分别为（39.39±4.8）%和（34.02±4.87）%，前峰高于后峰，与雌雄鼠交配高峰是一致的，因为黑线仓鼠怀孕期为20~22d。月均怀孕率差别很大，5月怀孕率是10月的62.4倍，经方差分析 $F=14.55>F_{0.01}=2.42$，差异非常显著，可见黑线仓鼠怀孕率季节变化明显。

（2）具有胎盘斑率。具有胎盘斑率是指每月具有胎盘斑鼠占所有解剖雌鼠的百分率。胎盘斑是雌鼠产仔后，胎盘在子宫壁的生殖处留下的暗斑，是母鼠供给每个胚胎营养的血管，在产仔出血后留下的痕迹。可根据胎盘斑的数目和颜色深浅、大小分成几期。黑线仓鼠多数1年繁殖1次，少数繁殖2次，在子宫留有的胎盘斑有1~2期，1期较2期颜色淡，而且小。1987—2013年具有胎盘率见表3-19。

表3-19　呼和浩特地区黑线仓鼠（1987—2013年）具有胎盘斑率

年份	4月	5月	6月	7月	8月	9月	10月	4—10月
1987	25.00	47.37	26.67	45.45	35.71	15.38	35.71	33.54
1988	28.57	63.64	24.00	15.63	5.33	47.06	22.22	30.00
1989	34.78	21.05	33.33	68.75	39.13	38.10	23.08	35.48
1990	—	30.77	—	25.00	—	39.13	—	31.67
1991	13.64	21.05	22.22	44.44	33.33	37.50	—	26.61
1992	11.76	21.43	48.72	18.75	46.67	33.33	29.03	31.61
1993	45.45	40.74	66.67	50.00	43.75	62.96	57.54	53.01
1994	21.42	30.00	42.85	64.71	66.67	50.00	16.67	41.43
1995	59.33	26.67	33.33	60.00	33.33	20.00	40.00	43.14
1996	20.00	10.00	44.44	10.00	20.00	26.09	23.08	20.41
1997	33.00	13.04	31.82	28.00	33.33	25.81	20.83	26.35
1998	38.10	47.37	38.46	61.54	46.15	25.93	8.33	32.39
1999	45.45	17.39	35.00	18.75	30.00	41.18	35.71	31.34
2000	42.11	26.92	30.30	23.53	35.48	50.00	11.54	30.57
2001	24.14	31.25	31.58	34.48	18.52	52.94	33.33	31.05
2002	41.67	65.22	25.00	11.11	0.00	60.00	33.33	40.85

（续表）

年份	4月	5月	6月	7月	8月	9月	10月	4—10月
2003	7.69	27.78	50.00	62.05	58.00	44.00	28.57	42.42
2004	33.33	26.32	35.29	40.63	38.50	14.29	36.36	33.94
2005	50.00	41.67	53.85	40.00	57.69	20.00	22.22	41.49
2006	54.55	37.50	33.33	42.86	25.00	20.00	37.50	41.51
2007	40.00	33.33	25.00	50.00	33.30	37.50	30.00	33.96
2008	0.00	0.00	40.00	75.00	0.00	0.00	25.00	16.30
2009	25.00	53.85	50.00	50.00	40.00	0.00	0.00	38.89
2010	50.00	33.33	14.29	25.00	40.00	0.00	50.00	38.89
2011	100	0.00	25.00	80.00	0.00	33.33	100	47.38
2012	100	66.67	66.67	100	0.00	0.00	0.00	66.67
2013	50.00	50.00	50.00	50.00	0.00	0.00	50.00	22.73
1984—2013	32.18	32.78	33.54	37.15	42.23	37.21	27.32	34.61

①胎盘斑率的年度变化。1987—2013年年均具有胎盘斑率为（34.67±1.92）%，多于年均怀孕率，二者经t值测验 $t=6.231>t_{0.01}=2.576$，差异非常显著。因为胎盘斑保留时间较长，是胎盘率高于怀孕率的主要原因。

胎盘斑率变化较大，1987—2013年各年年均率最高为（66.67±10.59）%，最低为（16.30±8.06）%，最高值是最低值的4.9倍，比年均怀孕率之间差值较小。各年年均具有胎盘斑率之间经方差分析 $F=4.219>F_{0.01}=2.3$，差异非常显著。

各年具有胎盘斑率与年均捕获率之间经相关性测验，$r=|-0.323|<r_{0.05}=0.482$（df=15），相关不显著，达拉特旗黑线仓鼠具有胎盘率与种群数量相关系数 $r=|-0.589|<r_{0.05}$，呈负相关，也相关不显著。因此，胎盘斑率的多少也是影响种群数量的因素之一。

②胎盘斑率的季节变化。1987—2013年4—10月各月平均胎盘斑率，经方差分析 $F=2.19<F_{0.05}=3.23$，无显著差异，只有10月较低为（27.32±4.88）%，与年均胎盘斑率（33.74±1.92）%，经t值测验 $t=2.457>r_{0.05}=1.96$，二者差异明显，与4月相比，t值为 $0.101<t_{0.05}=1.96$，二者无显著差异。从而看出具有胎盘斑率季节变化不明显。

（3）繁殖率。繁殖率是指怀孕鼠和具有胎盘斑的鼠占所解剖雌鼠的百分率，将 1987—2013 年黑线仓鼠雌性繁殖率列于表 3-20。

表 3-20　呼和浩特地区黑线仓鼠繁殖率（怀孕率+具胎盘斑率）　（%）

年份	4 月	5 月	6 月	7 月	8 月	9 月	10 月	4—10 月
1987	37.50	94.74	52.54	90.90	78.56	69.23	42.85	64.64
1988	50.00	81.82	84.00	75.01	66.66	64.71	22.22	67.86
1989	78.26	68.42	70.37	75.00	69.56	42.86	23.08	59.00
1990	—	46.15	—	75.00	—	56.52	—	61.67
1991	40.91	57.89	61.11	83.33	71.43	37.50	—	60.48
1992	52.94	75.00	71.80	37.50	73.34	55.55	29.03	62.41
1993	72.72	88.89	91.67	68.18	50.00	70.37	57.54	72.38
1994	57.13	40.00	42.85	82.35	66.67	50.00	16.67	54.29
1995	59.33	50.00	66.67	80.00	33.33	50.00	40.00	54.90
1996	60.00	40.00	77.78	60.00	66.67	26.09	23.08	42.86
1997	72.22	47.82	68.18	36.00	37.50	32.26	20.83	43.12
1998	57.15	73.69	45.62	69.23	69.23	25.93	8.33	42.25
1999	77.27	43.48	45.00	37.50	55.00	46.44	35.71	49.25
2000	63.16	47.92	87.88	55.88	67.74	79.17	11.54	63.74
2001	65.52	75.00	60.53	48.29	55.56	82.35	33.33	60.53
2002	66.67	100.00	50.00	44.44	0	80.00	23.33	66.20
2003	30.77	66.67	103.85	95.83	108.33	68.00	28.57	75.76
2004	33.33	68.84	64.71	68.75	50.00	42.86	45.45	57.80
2005	50.00	91.67	92.31	94.05	88.46	30.00	22.22	73.40
2006	54.55	62.50	100.00	78.57	75.00	40.00	37.50	62.26
2007	40.00	44.44	50.00	100.00	44.44	50.00	30.00	43.39
2008	33.00	30.00	60.00	100.00	42.86	0	25.00	41.88
2009	25.00	138.48	62.50	66.67	50.00	50.00	50.00	68.52
2010	83.33	83.33	47.15	75.00	80.00	0	50.00	77.78
2011	150.00	0	50.00	80.00	0	33.33	100.00	63.17
2012	100.00	66.67	100.00	100.00	0	0	0	77.78
2013	100.00	50.00	50.00	100.00	0	0	50.00	38.11

1987—2013 年年均繁殖率与年均捕获率之间经相关分析 $r=0.038<r_{0.05}=$

0.456，不显著相关。繁殖率季节变化明显，各月平均繁殖率之间，经方差分析 $F=8.349>_{F0.05}=8.349>F_{0.01}=2.36$，差异非常显著。从表 3-20 看出，春、夏季繁殖率较高，10 月最低。

1987—2004 年年均繁殖率之间，经方差分析 $F=9.491>F_{0.01}=2.57$，年度差异非常显著。

（4）胎仔数。胎仔数是指解剖雌鼠在子宫中肉眼所见到的胚胎数，不包括死胎。简化 1984—2013 年 4—10 月呼和浩特地区黑线仓鼠胎仔数列于表 3-21。

1984—2013 年共解剖雌鼠 3 012 只，具有胚胎的鼠为 789 只，每只鼠平均胎仔数为（5.99±0.05）个。

表 3-21　呼和浩特地区黑线仓鼠（1984—2013）平均胎仔数

年份	4 月	5 月	6 月	7 月	8 月	9 月	10 月	4—10 月
1984	—	—	5.53±1.85	6.67±1.10	6.10±1.97	0	0	5.95±0.26
1985	7.38±1.30	6.75±1.60	5.45±1.73	5.67±1.28	6.50±1.35	5.0±0	0	6.15±6.17
1986	5.69±1.38	6.60±1.26	6.04±1.3	5.50±1.43	5.92±1.71	6.67±1.32	0	6.04±0.16
1987	5.67±2.03	5.78±0.36	5.63±0.38	6.00±0.39	5.83±0.53	7.14±0.8	4.5±0.5	5.94±0.23
1988	6.00±0	4.75±0.478	6.24±0.30	7.00±0.28	5.57±0.57	7.00±0.58	0	6.34±0.18
1989	6.10±0.38	5.44±0.50	6.30±0.54	4.00±0	6.86±0.94	6.00±0	0	6.08±0.28
1990	—	3.50±0.5	—	7.00±0.30	—	6.25±0.48	—	6.44±0.35
1991	4.67±0.42	6.71±0.29	7.29±0.44	5.43±0.57	6.50±0.71	0	—	6.36±0.27
1992	5.57±0.30	6.07±0.34	5.67±0.44	6.00±0.58	6.25±0.75	8.50±0.5	0	6.05±0.20
1993	5.50±0.34	4.62±0.18	6.50±0.22	6.75±0.48	7.00±0	5.50±0.88	0	5.33±0.21
1994	6.40±0.51	6.0±0	0	5.67±0.33	0	0	0	6.11±0.31
1995	0	5.00±0.5	5.00±0.58	6.00±0	0	0	0	5.17±0.40
1996	5.50±0.32	6.67±0.66	6.67±0.88	5.80±0.86	6.57±0.37	0	0	6.19±0.29
1997	6.00±0.53	5.75±0.56	5.37±0.46	3.50±0.505	5.00±0	7.00±1.0	0	5.60±0.28
1998	6.75±0.48	6.20±0.20	5.00±0	0	5.67±0.33	0	0	6.71±0.22
1999	5.29±0.42	5.33±0.33	5.50±0.50	5.33±0.88	4.40±0.68	6.00±0	0	5.13±0.24
2000	5.75±0.25	5.92±0.31	5.63±0.43	6.73±0.45	5.90±0.55	5.71±0.34	0	5.94±0.18
2001	6.00±0.35	5.86±0.40	6.45±0.43	5.50±0.29	6.20±0.33	6.40±0.24	0	6.09±0.16
2002	6.33±0.33	5.88±0.48	6.00±0.58	5.00±0.58	0	5.00±0	0	5.78±0.26
2003	5.00±0.58	5.57±0.48	5.79±0.32	5.50±0.42	6.17±0.75	6.67±0.42	0	5.82±0.19

（续表）

年份	4月	5月	6月	7月	8月	9月	10月	4—10月
2004	0	5.75±0.25	5.60±0.60	6.33±0.33	6.00±0	4.45±0.50	6.0±0	5.85±0.20
2005	0	5.50±0.62	5.29±0.29	5.88±0.58	5.38±0.42	4.00±0	0	5.47±0.18
2006	0	5.00±0	6.50±0.71	5.58±0.58	5.00±0	6.00±0	0	5.73±1.22
2007	0	4.00±0	5.00±1.41	0	6.00±0	5.00±0	0	6.00±3.57
2008	4.50±0.50	5.33±0.33	5.00±0	6.50±0.58	6.00±0.58	0	0	5.55±0.93
2009	0	6.45±1.04	5.00±0	5.00±0	5.67±1.53	0	0	6.13±2.01
2010	5.00±0	5.00±1.00	4.67±1.53	5.00±0	6.00±0	0	0	5.07±0.80
2011	6.00±0	0	8.00±0	0	5.00±0	0	0	3.00±0.88
2012	0	0	4.00±0	0	0	0	0	4.00±0
2013	5.00±0	0	0	6.00±0	0	0	0	25.50±0.5
1984—2013	5.22±0.36	5.59±0.16	5.75±0.16	5.74±0.16	5.90±0.12	6.02±0.26	5.00±0.58	5.70±0.13

①胎仔数的年度变化。30 年中，年均胎仔数之间经方差分析，$F=0.88<F_{0.05}=1.18$，无显著差异，年均最高的是 1998 年为（6.71±0.22）个，最低的是 1999 年为（3.00±0.88）个，二者差异显著（$t=2.329>t_{0.05}=2.030$）。1984—2013 年各年年均胎仔与各年捕获率之间经相关分析，$r=0.098<r_{0.05}=0.433$，相关不显著。

黑线仓鼠胎仔数的多数与所处的纬度有关，由北向南逐渐减少。黑龙江为 6.9 只，内蒙古正镶白旗为（5.61±0.16）只，北京为（5.84±0.21）只（1983 年）、（6.82±0.898）只（1984 年），大连为（5.45±0.22）只，山东为 6.23 只，河南为 5.02 只，安徽为 5.2 只。山东的偏高，仅为 1 年的资料，如果连续多年调查可能会降低的，如北京 1983 年和 1984 年就有较大的差别，平均数会降低的。

②胎仔数的季节变化。30 年中，4—10 月各月平均胎仔数有差别，9 月最多，10 月最少，经方差分析 $F=0.116<F_{0.05}=3.27$，无显著差异。进一步分析，9 月平均胎仔数与 4 月、10 月比较，t 值分别为 0.87 和 1.42，均小于 $t_{0.05}$，也无显著差异。可以看出，黑线仓鼠平均胎仔数季节变化不十分明显，但各年度不同。

（5）胎盘斑数。1987—2013 年年均及各月平均胎盘斑数见表 3-22。1987—2004 年共解剖雌鼠 2 321 只，具有胎盘斑的鼠 783 只，每只平均有胎盘斑（5.38±0.11）个，与每只平均胎仔数（5.70±0.13）个 $t=1.69<t_{0.05}=1.96$，二者无显著差异。

表 3-22　呼和浩特地区黑线仓鼠（1987—2013 年）胎盘斑数

年份	4月	5月	6月	7月	8月	9月	10月	4—10月
1987	5.17±0.75	6.89±0.45	5.00±0.33	6.3±0.67	5.5±0.37	6.00±1.00	6.30±0.5	5.93±0.18
1988	6.00±0	6.14±0.48	4.67±0.60	6.40±0.35	5.00±0	5.25±0.41	6.75±0.63	5.81±0.25
1989	6.10±0.38	6.00±0.41	5.56±0.47	6.18±0.35	6.00±0.58	5.380.46	—	5.62±0.21
1990	—	6.25±0.63	—	6.50±0.34	—	4.78±0.28	—	5.63±0.28
1991	4.00±0.58	5.75±0.85	6.00±0.57	5.25±0.59	6.29±0.42	5.00±0	—	5.58±0.22
1992	3.50±2.50	4.00±0.52	4.63±0.39	5.33±0.88	4.14±0.51	4.33±0.33	5.44±0.44	4.61±0.22
1993	4.50±0.17	4.36±0.15	5.50±0.16	6.00±0.57	5.71±0.47	6.35±0.23	4.88±0.26	5.38±0.12
1994	6.67±0.33	7.33±0.33	5.83±0.17	5.09±0.30	4.50±0.71	4.50±0.55	4.0±0	5.59±0.23
1995	6.00±0.16	5.00±0	6.33±0.69	6.33±0.5	6.00±0	6.00±1.15	6.00±0.48	6.05±0.27
1996	5.5±0.71	4.00±0	4.75±0.48	7.00±0	6.50±0.40	5.83±0.48	6.67±0.33	5.86±0.26
1997	5057±0.46	6.50±0.58	6.29±0.42	5.86±0.40	6.29±0.27	6.00±0.38	5.60±0.40	5.93±0.16
1998	6.25±0.25	5.78±0.32	6.60±0.25	6.00±0.33	5.33±0.42	5.71±0.29	5.00±0.58	5.87±0.13
1999	4.40±0.31	5.50±0.50	5.71±0.29	4.67±0.33	4.67±0.33	4.57±0.20	5.52±0.37	4.90±0.14
2000	5.13±0.40	5.14±0.51	4.90±0.41	5.00±0.38	5.18±0.38	571±0.34	5.33±0.66	5.10±0.15
2001	5.57±0.37	4.70±0.34	5.00±0.43	5.10±0.38	4.60±0.52	5.44±0.29	5.67±0.56	5.14±0.16
2002	5.00±0.45	4.60±0.32	5.00±1.00	4.00±0	0	5.00±0.58	5.50±1.50	4.79±0.22
2003	4.00±0	4.80±0.33	5.08±0.35	4.00±0.44	5.00±0.58	4.82±0.42	6.50±0.50	4.79±0.20
2004	6.40±0.24	5.40±0.24	5.50±0.43	5.40±0.35	5.67±0.33	7.00±0	6.00±0.41	5.73±0.16
2005	6.00±0	5.60±0.68	5.00±0.03	5.25±0.31	5.31±0.28	5.50±0.50	6.001±1.0	5.21±1.38
2006	5.67±0.56	5.67±0.88	4.00±0	5.33±0.42	6.00±0	8.00±0	5.67±0.67	5.73±0.88
2007	4.50±0.50	4.67±0.33	5.50±1.5	5.00±0	4.67±0.33	5.67±0.88	5.33±0.88	5.06±1.47
2008	0	0	5.00±1.00	4.67±1.20	0	0	6.00±1.00	5.14±0.64
2009	5.00±0	7.00±0.33	5.25±1.26	4.67±0.47	6.00±0.82	6.00±0	7.00±0	5.14±0.82
2010	4.00±0	4.00±0	4.00±0	5.5±0.50	4.50±0.50	0	4.00±0	3.71±0.45
2011	3.50±0.5	0	7.00±0	6.00±0.58	0	6.00±0	1.00±0	5.00±0.69
2012	5.00±0	5.50±1.5	5.50±0.50	7.00±0	0	0	0	5.67±0.49
2013	6.00±0	6.00±0	7.00±0	6.00±0	0	0	6.00±0	6.40±0.24
1987—2013	5.14±0.19	5.46±0.18	5.41±0.15	5.55±0.15	5.37±0.15	5.60±0.17	5.49±0.26	5.38±0.11

30 年中各年度年均胎盘斑数之间经方差分析 $F=4.13>F_{0.01}=2.57$，差异非常显著，但各月平均胎盘斑经方差分析，$F=2.21<F_{0.05}=0.27$，差异不显著。研究雌鼠具有不同期的胎盘斑，可以判定 1 年内产仔的次数。经过 30 年的连续调查，呼和浩特地区黑线仓鼠多数 1 年繁殖 1 次，少数 1 年繁殖 2 次，未见到 1 年繁殖 3 次的。

（6）二次繁殖和雌性繁殖期。

①二次繁殖率。黑线仓鼠在呼和浩特地区 1 年最多繁殖 2 次，将 1988—2013 年 2 次繁殖率列于表 3-23。2 次繁殖的鼠是指已经怀孕并具有 1 期胎盘斑，或已产仔又具有两期胎盘斑的鼠，2 次繁殖率是 2 次繁殖的鼠占参加繁殖母鼠的百分率。

1988—2013 年解剖雌鼠共发现 2 次繁殖的鼠有 204 只，占参加繁殖母鼠的（6.03±0.80）%。2 次繁殖鼠的多少影响种群数量，年均 2 次繁殖率与捕获率之间经相关性测验 $r=0.221<r_{0.05}=0.532$，相关不显著，但它与种群数量呈正相关。年均 2 次繁殖率年度有较大差异，$F=2.32>_{F0.05}=1.96$，有的年度无 3 次产仔的鼠，如 1994 年、1995 年、2010 年、2012 年和 2013 年繁殖率之间差异不显著。

表 3-23 呼和浩特地区黑线仓鼠 2 次繁殖的鼠数和占参加繁殖鼠的百分率

年份	4 月	5 月	6 月	7 月	8 月	9 月	10 月	4—10 月
1988	0	0	8.70	0	0	33.33	0	3.16
1989	11.11	0	10.53	0	0	0	0	4.30
1990	—	0	—	0	—	0	—	0
1991	0	0	4.55	0	0	0	0	1.33
1992	11.11	19.05	32.14	16.67	36.36	40.00	55.56	29.21
1993	43.75	29.17	50.00	40.00	25.00	42.11	0	34.17
1994	0	0	0	0	0	0	0	0
1995	0	0	0	0	0	0	0	0
1996	0	0	14.29	16.67	0	0	0	4.76
1997	15.38	9.09	13.33	0	0	0	0	6.94
1998	0	28.57	16.67	11.11	22.22	0	0	13.33
1999	17.65	10.00	0	16.67	18.18	12.50	0	12.12
2000	16.67	10.00	17.24	10.53	14.29	21.05	0	14.63

(续表)

年份	4月	5月	6月	7月	8月	9月	10月	4—10月
2001	15.79	20.83	13.04	21.43	20.00	14.29	0	16.52
2002	25.00	17.39	33.33	25.00	0	25.00	0	21.28
2003	0	8.33	25.93	30.43	23.08	17.65	0	21.00
2004	0	23.08	18.18	19.05	0	0	20.00	15.87
2005	0	18.18	33.33	36.36	27.27	0	0	16.67
2006	0	0	50.00	18.18	0	0	0	5.66
2007	0	0	0	0	0	0	0	0
2008	0	0	0	0.50	0	0	0	4.65
2009	0	46.15	12.50	0	0	0	0	12.69
2010	0	0	0	0	0	0	0	0
2011	0	0	0	0	0	0	0	5.26
2012	0	0	0	0	0	0	0	0
2013	0	0	0	0	0	0	0	0

②雌性繁殖期。雌性繁殖期的长短影响种群数量，由表3-18和表3-19看出，1987—2004年每年4月均有具胎盘斑和怀孕的鼠，有的同时还有2次繁殖的鼠。已知黑线仓鼠怀孕期20~22d，由此推算，繁殖开始最迟也在3月中旬，由表3-19看出，每年繁殖开始于3月中旬，但结束时间不一样，多数结束于9月，个别年份结束于10月（1987年和2004年），繁殖期为9个月，1987年和2004年为10个月。30年中繁殖结束最早的是1994年、1995年和1984年。1984年雌性繁殖结束于8月，是可以解释的，因为1984年该鼠种群处于高峰期，数量最多，当年怀孕率最低仅为20.62%，雌性性比也低为18.71%，睾丸下降率也低为18.71%，因此繁殖期也短。2012年繁殖期最短，因为捕获鼠较少，不能反映出真实情况。

1994年和1995年繁殖期短，结束于7月底8月初，是30年中繁殖最短的两年，相应的雌性性比低、怀孕率低、无2次繁殖的鼠、繁殖指数也最低，这种现象不符合种群密度低时，繁殖参数负反馈的规律，为什么会出现这种现象呢？这是因为这两年该地区鼠类群落结构发生了大的变化，由黑线仓鼠占优势变为长爪沙鼠占优势，是长爪沙鼠数量最多的两年，在群落中分

别占 88. 5%和 94. 9%。已知长爪沙鼠与黑线仓鼠的数量变化呈显著负相关，$r = |-0.589| > r_{0.05} = 0.49$ df = 14。因此这两年会出现黑线仓鼠数量低，且相应的一些繁殖参数也低的现象。

（7）繁殖指数。繁殖指数是指整个繁殖过程中，在一定时间内平均每只鼠可增殖的数量，它反映出捕获的总鼠数，平均产仔数和孕鼠数的关系，用下列公式计算（夏武平等，1982）。

$$I = NE/P$$

I 为繁殖指数，E 为平均胎仔数，N 为孕鼠数，P 为总捕鼠数。将 1984—2013 年黑线仓鼠的繁殖指数列于表 3-24。

表 3-24　呼和浩特地区黑线仓鼠 21 年繁殖指数变化

年份	4 月	5 月	6 月	7 月	8 月	9 月	10 月	4—10 月
1984	—	—	1. 338 7	1. 220 8	0. 824 3	0	0	0. 444 9
1985	2. 186 7	1. 620 0	1. 397 4	1. 112 8	1. 322 0	0. 362	0	0. 874 4
1986	0. 831 5	1. 434 8	1. 510 9	0. 901 6	1. 40	0. 625 0	0	0. 878 7
1987	0. 309 1	1. 722 2	0. 816 3	1. 40	0. 846 2	1. 923 1	0. 157 9	0. 909 9
1988	0. 818 2	0. 50	2. 409 1	2. 046 2	0. 847 8	0. 512 2	0	1. 116 3
1989	1. 525 0	0. 510 6	1. 465 1	0. 085	1. 102 0	0. 113 2	0	0. 713 0
1990	—	0. 666 7	—	2. 210 5	—	0. 757 6	—	1. 26
1991	0. 70	1. 516 1	1. 70	0. 883 7	1. 529 4	0	—	1. 181 4
1992	1. 290 7	1. 597 4	0. 645 9	0. 50	0. 925 9	0. 60	0	0. 820 3
1993	0. 804 9	1. 43	0. 764 7	0. 931 0	0. 259 3	0. 347 8	0	0. 667 9
1994	1. 523 8	0. 272 7	0	0. 531 6	0	0	0	0. 384 6
1995	0	0. 833 3	0. 833 3	0. 50	0	0	0	0. 289 9
1996	1. 294 1	0. 800 4	0. 870 0	1. 260 9	1. 703 3	0	0	0. 713 0
1997	1. 40	1. 243 2	1. 047 8	0. 159 1	0. 096 2	0. 222 2	0	0. 487 8
1998	0. 794 1	1. 107 1	0. 20	0. 238 1	0. 607 5	0	0	0. 328 1
1999	0. 822 9	0. 680 4	0. 282 1	0. 470 3	0. 550 0	1. 667	0	0. 460 7
2000	0. 657 1	1. 924	1. 944 9	1. 213 6	1. 053 6	0. 908 4	0	1. 101 9
2001	1. 756 1	1. 551 9	0. 887 5	0. 386 0	1. 107 1	0. 969 7	0	0. 963 4
2002	0. 863 2	1. 205 1	0. 782 6	1. 071 4	0	0. 555 6	0	0. 839 0
2003	0. 555 6	1. 257 7	1. 473 8	1. 189 2	1. 608 7	0. 769 2	0	1. 044 9
2004	0	1. 483 9	0. 903 2	1. 379 1	0. 375	0. 692 3	0. 333 3	0. 804 8

（续表）

年份	4月	5月	6月	7月	8月	9月	10月	4—10月
2005	0	1.571 4	1.608 7	1.270 3	0.934 8	0.181 8	0	0.959 6
2006	0	0.769 2	2.60	1.526 3	0.833 3	0.857 1	0	0.732 6
2007	0	0.210 5	0.909 1	0	0.5	0.076 9	0	0.333 3
2008	0.90	1.066 7	0.625	1.857 1	1.036 4	0	0	0.884 1
2009	0	3.547 5	1.666 7	0.555 6	0.945	0	0	1.021 7
2010	0.80	0.50	1.401	1.538 5	1.200	0	0	1.109 1
2011	3.0	0	2.00	0	1.25	0	0	0.612 6
2012	0	0	0.8	0	0	0	0	0.25
2013	0.5	0	0	1.5	0	0	0	0.5
1984—2013	1.111 1	1.194 2	1.217 9	1.034 8	0.952 4	0.591 1	0.245 6	0.756 7

由表3-24看出，1984—2013年年均繁殖指数为0.756 7±0.271 4，30年间经方差分析$F=1.57<F_{0.05}=1.81$，差异不显著。4—10月平均繁殖指数差异非常显著，$F=12.86>F_{0.01}=2.36$。

年均繁殖指数与年均捕获率呈显著负相关，$r=|-0.438|>r_{0.05}=0.438$。可见，繁殖指数是影响种群数量的重要因素之一。

经过30年的连续调查，基本查清了黑线仓鼠繁殖生态的各项重要参数，为种群数量预测预报和防治提供了科学依据。

第二节　长爪沙鼠的生态研究

一、长爪沙鼠的地理分布及栖息环境

1. 地理分布

在我国北方分布比较广泛，是常见的鼠类之一，分布在内蒙古、辽宁、吉林、河北、山西、陕西、甘肃和宁夏等省（区），国外分布于蒙古国和俄罗斯等国。

2. 栖息环境

长爪沙鼠是荒漠草原的优势种，也是荒漠草原的代表种。该鼠也在典型草原、半农半牧区和农田中栖息。长爪沙鼠多栖息在荒漠草原的疏松的沙质土壤，多在背风向阳和坡度不大的地段，多喜欢在退化草场上的杂草环境中栖息。在典型草原区长爪沙鼠多分布于过度放牧的退化草场，一年生的种子植物是他们最喜食的植物。在农业区长爪沙鼠主要栖息田埂，农田中的垄背，农田附近的撂荒地，坟地及人工林地的林缘。

二、长爪沙鼠的形态特征

长爪沙鼠属于仓鼠科沙鼠亚科的动物，是本亚科中中等大小的种类。成年鼠体重40~60g，越冬鼠多在50~65g。体长95~140mm，头尖眼大，耳朵明显，耳长12~13mm，尾长90~120mm，略短于体长。背部毛为土黄色或棕黄色。腹部为灰色，毛基为灰色。尾被密毛，为毛背腹二色，背面为棕黄色。尾端有细长的毛束。爪锐利弯曲，为黑色。

长爪沙鼠的颅骨前窄后宽，宽度超过长度的一半，鼻骨狭长。顶间骨为卵圆形，听泡膨大，两听泡相距较近。门齿黄色。两上门齿的唇缘外侧各有一条长的纵沟，是该鼠门齿主要特征之一。

三、长爪沙鼠的洞穴结构

长爪沙鼠属于群居性动物。洞系有三种类型即越冬洞、夏季洞和临时洞。通常洞系包括洞口、洞道、仓库、窝（巢）和扩大的窟。

1. 越冬洞

洞系结构复杂，有洞口数个，少则4~5个，多则有20~30个不等。洞口扁圆形，高约6cm，宽6.5~7cm。洞口外常有抛土，抛土大小不等，抛土上有鼠活动脚印，在洞口外常有少量的粪便。鼠洞以45°~60°倾斜而下，入土30~40cm后洞道与地面平行而行，然后垂直而下形成膨大的部分，里面絮有各种的茎叶，形成絮垫，这便是长爪沙鼠的巢。巢距地面50~150cm，通常在冻土层内（赵肯堂，1996）。由此看出长爪沙鼠具有耐寒性。一般一个洞系内具有一个巢。在洞道内常有扩大的部分，无垫草为窟，是休息和转身的地方。洞系内还有仓库，用于贮存食物，仓库的数目和大小不等，少则1~2个，多则5~6个，仓库附近盗出大量的土堆。秋季为长爪沙鼠贮粮活动期，在半农半牧区仓库内存有大量一年生植物的种子，在农区贮有各种粮食，常见有糜、黍、高粱、谷子等。一个洞系内贮存量不等，少则几斤（1斤=500g），十几斤，多则几十斤。

2. 夏季洞

洞口少，入土浅，洞内仅有巢，没有仓库。

3. 临时洞

仅有2~3个洞口，洞道短直，里面无巢，它是临时藏身处或避难所。

四、长爪沙鼠的食性和活动规律

1. 食性

长爪沙鼠是食植性动物，食性随季节变化而改变，在典型草原区春季随着牧草的返青吃植物的茎叶，到秋季随着种子植物的成熟以牧草的种子为主，如白刺、沙蓬、绵蓬、苦豆子、蒺藜等植物种子，夏季也吃少量的昆虫。在冬季和早春青黄不接时，由于营养不良，常见吃残伤的病鼠或啃食鼠尸的现象，冬季以食植物的种子为主。在农区冬季吃秋季贮在仓库中的粮食，仓库内的存粮与当地主要作物粮食有关，如黍子、糜子、谷子、高粱、玉米等。

2. 活动规律

长爪沙鼠不冬眠全年都在活动，以白天活动为主，夏季在有月亮的夜间也有少量鼠出来活动，长爪沙鼠活动随着季节变化而改变，冬季活动时间较短，10~15 时，呈单峰型，夏季为双峰型，中午天气炎热，不出洞活动，5~10 时和 15~19 时出洞活动。春季早春为单峰，春末夏初时，逐渐过渡到双峰型。秋季进入贮粮期，鼠活动频繁，由双峰型变成单峰型，比冬季活动时间长。

五、长爪沙鼠的种群年龄和种群组成

有关长爪沙鼠的年龄鉴定已有报告（夏武平等，1982；赵肯堂，1996），都是依据臼齿齿冠沟随着年龄的增长上推从而磨失的原理进行鉴定。用此法需制作头骨标本，利用放大镜观察，比较麻烦。尤其是连续多年的调查资料，由于数量多，工作量大，较难实施。可否用胴体重来鉴定年龄，我们进行了这方面的尝试。

1. 研究方法

1997—2002 年每年 4—6 月，每月中旬在不同的生境中利用直线夹日法调查，采集的标本按常规称重、测量、解剖，对食性、繁殖等 仔细观察后，去除内脏（指胃、肠和雌性胚胎等）再称其胴体重分别记录，年终分析，为年龄鉴定提供材料。

2. 不同年龄组划分标准

将 1997—2002 年采集标本的胴体中按重量，雌雄各年分别作次数分配，根据它们的数量分配，雌雄分别划分成 5 个年龄组，其标准是：

	雌鼠胴体重（g）	雄鼠胴体重（g）
幼年组（Ⅰ）	≥18.0	≥20.0

亚成年组（Ⅱ）　　18. 1～30. 0　　　　20. 2～30. 0

成年一组（Ⅲ）　　30. 1～40. 0　　　　30. 1～40. 0

成年二组（Ⅳ）　　40. 1～50. 0　　　　40. 1～50. 0

老年组（Ⅴ）　　　≥50. 1　　　　　　≥50. 1

1997—2002 年共采集长爪沙鼠标本 595 只，其中雌性 334 只，雄性 261 只，雌雄性各年龄组的平均胴体重见表 3-25。由表 3-25 看出，各年龄组平均胴体重，除雄性幼年组与亚成年组之间为差异显著外，其余各年龄组间均为差异非常显著。

雄性和雌性平均胴体重分别为（40. 66±0. 74）g 和（37. 45±0. 72）g，二者差异非常显著（$t=3.105>t_{0.01}=2.576$）。雌性各年龄组与雄性相应年龄组之间除了Ⅱ组互相有显著差异外（$t=2.674>r_{0.01}=2.576$），其余各组之间均无显著差异（雄、雌两性 Ⅰ 组、Ⅲ 组、Ⅳ 组、Ⅴ 组之间，t 值分别为 0. 054、1. 124、1. 108 和 0. 629，均小于 $t_{0.05}=1.960$）。

雌鼠 Ⅰ～Ⅴ 个年龄组分别占 10. 18%、22. 75%、23. 95%、26. 65% 和 16. 47%，雄鼠 Ⅰ～Ⅴ 个年龄组分别占 6. 51%、13. 14%、28. 74%、31. 03% 和 20. 31%。雄性幼年组所占比例小于雌性的，雄性老年组所占比例高于雌性的，说明雄性寿命较雌性长，但经 t 值测验，雄性 Ⅰ 组、Ⅴ 组分别于雌性 Ⅰ 组和 Ⅴ 组之间，t 值分别为 $1.589<t_{0.05}=2.008$ 和 $1.211<t_{0.05}=1.96$，均无显著差异。可以看出，长爪沙鼠两性寿命长短基本是相同的。

表 3-25　长爪沙鼠不同年龄组平均胴体重及 t 值测验

<table>
<tr><th>年龄组</th><th>性别</th><th>数量</th><th>平均值±标准误</th><th>标准差</th><th>t 值</th></tr>
<tr><td>幼年组</td><td rowspan="5">♀</td><td>34</td><td>14. 56±0. 56</td><td>3. 25</td><td rowspan="5">$15.529>t_{0.01}$
$20.667>t_{0.01}$
$20.026>t_{0.01}$
$15.797>t_{0.01}$</td></tr>
<tr><td>亚成年组</td><td>76</td><td>25. 43±0. 42</td><td>3. 63</td></tr>
<tr><td>成年Ⅰ组</td><td>80</td><td>36. 59±0. 43</td><td>3. 51</td></tr>
<tr><td>成年Ⅱ组</td><td>89</td><td>45. 94±0. 32</td><td>3. 07</td></tr>
<tr><td>老年组</td><td>55</td><td>55. 73±0. 53</td><td>3. 91</td></tr>
<tr><td>幼年组</td><td rowspan="5">♂</td><td>17</td><td>14. 59±0. 92</td><td>2. 81</td><td rowspan="5">$2.464>t_{0.05}$
$14.468>t_{0.01}$
$21.143>t_{0.01}$
$24.113>t_{0.01}$</td></tr>
<tr><td>亚成年组</td><td>35</td><td>27. 17±0. 50</td><td>2. 96</td></tr>
<tr><td>成年Ⅰ组</td><td>75</td><td>36. 00±0. 35</td><td>3. 01</td></tr>
<tr><td>成年Ⅱ组</td><td>81</td><td>46. 17±0. 33</td><td>2. 94</td></tr>
<tr><td>老年组</td><td>53</td><td>56. 09±0. 54</td><td>3. 95</td></tr>
</table>

3. 不同年龄组与体重和体长的关系

动物的体重和体长在成年之前是随年龄的增长，分别增重和加长，达到成年后就没有差别了。鼠类寿命短，在自然界绝大多数不是自然老死的，多数为中途夭折，很早丧命，所以真正老年的个体很少。因此，在标本中它们的体重和体长随年龄的增长而在增加。长爪沙鼠各年龄组平均体重和体长分别见表3-26和表3-27。由表3-26和表3-27看出，长爪沙鼠的平均体重和体长随着年龄的增长分别增重和加长，各年龄组之间差异非常显著。

表 3-26　长爪沙鼠不同年龄组平均体重及 t 值测验

年龄组	性别	数量	平均值±标准误	标准差	t 值
幼年组	♀	34	21. 53±0. 89	5. 17	13. 238>$t_{0.01}$ 15. 9918>$t_{0.01}$ 9. 322>$t_{0.01}$ 10. 68>$t_{0.01}$
亚成年组		76	35. 45±0. 56	4. 92	
成年Ⅰ组		80	47. 89±0. 54	4. 87	
成年Ⅱ组		89	56. 81±0. 79	7. 42	
老年组		55	69. 25±0. 95	7. 06	
幼年组	♂	17	24. 06±1. 299	5. 36	8. 988>$t_{0.05}$ 7. 523>$t_{0.01}$ 14. 562>$t_{0.01}$ 11. 283>$t_{0.01}$
亚成年组		35	38. 42±0. 93	4. 31	
成年Ⅰ组		75	47. 04±0. 53	4. 58	
成年Ⅱ组		81	57. 75±0. 51	4. 55	
老年组		53	67. 89±0. 74	5. 39	

表 3-27　长爪沙鼠不同年龄组平均体长及 t 值测验

年龄组	性别	数量	平均值±标准误	标准差	t 值
幼年组	♀	34	74. 35±3. 16	18. 43	5. 02>$t_{0.01}$ 9. 024>$t_{0.01}$ 5. 172>$t_{0.01}$ 5. 04>$t_{0.01}$
亚成年组		76	91. 20±1. 12	9. 77	
成年Ⅰ组		80	104. 75±1. 00	8. 96	
成年Ⅱ组		89	113. 07±1. 26	11. 84	
老年组		55	120. 58±0. 81	5. 98	
幼年组	♂	17	78. 29±4. 22	17. 41	3. 492>$t_{0.05}$ 1. 971>$t_{0.01}$ 2. 715>$t_{0.01}$ 5. 898>$t_{0.01}$
亚成年组		35	94. 83±2. 15	12. 76	
成年Ⅰ组		75	103. 53±3. 75	32. 50	
成年Ⅱ组		81	114. 04±1. 20	10. 82	
老年组		53	121. 28±0. 47	3. 44	

4. 各年龄组与繁殖关系

（1）不同年龄组成的怀孕率、平均胎仔数、具有胎盘斑率和胎盘斑数。长爪沙鼠不同年龄组成的怀孕率、平均胎仔数、具有胎盘斑率和平均胎盘数，见表3-28。由表3-28看出，长爪沙鼠随着年龄的增长繁殖力增强，幼年组的个体，无怀孕鼠不具有胎盘斑，说明性未成熟不参加繁殖。亚成年组至老年组实际上并非真正的老年鼠，老龄组应该繁殖力下降，多数老者不能参加繁殖。而表中的老年组并非真正的老龄者仍参加繁殖，繁殖力最强，说明长爪沙鼠没有活到老龄就死了，鼠夹捕到的不是真正的老龄鼠。

表3-28　长爪沙鼠不同年龄组怀孕率、平均胎数仔数、具有胎盘斑率和胎盘斑数

年龄组	怀孕			具有胎盘斑		
	孕鼠数	怀孕率（%）	胎仔数	有胎盘斑鼠数	胎盘斑率（%）	胎盘斑数
Ⅰ	0	0	0	0	0	0
Ⅱ	2	2.63	4.00±0	28	36.84	5.21±0.23
Ⅲ	17	21.25	6.00±0.29	38	47.50	5.55±0.21
Ⅳ	31	34.83	5.77±0.18	60	75.00	5.73±0.17
Ⅴ	32	58.12	6.47±0.22	28	50.91	6.04±0.21

（2）不同年龄组雄性睾丸下降率。幼年组无睾丸下降的鼠，性不成熟。亚成年至老年组的睾丸下降率分别为77.14%、81.33%、95.06%和100.00%，同样说明书中划分的老年组不是真正的老龄个体组成的，真正的老龄鼠未活到老龄就死亡了，很少能捕到。

通过以上分析看出，用胴体重划分长爪沙鼠的年龄组是可行的，该方法简便易行、实用，在现场就可以划分出鼠的年龄。

5. 长爪沙鼠年龄组成的年度变化

1997—2002年长爪沙鼠年龄组成的年度变化见表3-29。

表3-29　长爪沙鼠1997—2002年不同年龄组在种群中占百分率　　（%）

年龄组	性别	1997		1998		1999		2000		2001		2002		合计
		数量	占百分比（%）	数量	占百分比（%）	数量	占百分比（%）	数量	占百分比（%）	数量	占百分比（%）	数量	占百分比（%）	数量
Ⅰ	♀	6	7.59	12	26.09	1	3.57	4	19.05	3	7.69	8	6.61	34
Ⅱ		13	16.46	8	17.39	5	17.86	2	9.52	4	10.27	44	36.36	76
Ⅲ		21	26.58	16	34.78	2	7.14	3	14.29	11	28.21	27	22.31	80
Ⅳ		29	36.71	8	17.39	13	46.43	6	28.57	14	35.90	19	15.70	89
Ⅴ		10	12.66	2	4.35	7	20.5	6	28.57	7	17.95	23	19.01	55

（续表）

年龄组	性别	1997		1998		1999		2000		2001		2002		合计
		数量	占百分比（%）	数量	占百分比（%）	数量	占百分比（%）	数量	占百分比（%）	数量	占百分比（%）	数量	占百分比（%）	数量
Ⅰ	♂	0		7	16.28	1	4.76	2	9.52	2	7.69	5	5.49	17
Ⅱ		0		4	9.30	2	9.52	2	9.52	1	3.85	26	28.57	35
Ⅲ		21	35.00	16	37.21	3	14.29	3	14.29	5	19.23	27	29.67	75
Ⅳ		28	47.46	13	30.23	8	38.10	7	33.33	9	34.62	16	17.58	81
Ⅴ		10	16.95	3	6.98	7	33.33	7	33.33	9	34.62	17	18.68	53

从理论上讲，幼年组和亚成年组的个体在种群中占的百分率应高于老年组。可是从表3-29的数据表现出，每年的幼年组和亚成年组所占百分率较低，这是因为幼鼠出洞率低，活动范围小，上夹率低。亚成年组所占比例增高，意味着种群数量增加，反之种群数量下降。相反老年组所占比例增高意味着种群数量下降。1997—2002年亚成年组个体所占百分率（♀+♂占种群比例的百分率）分别是9.24%、13.48%、14.29%、16.67%、6.15%和33.02%。老年组分别为14.19%、5.62%、28.57%、30.59%、24.62%和18.87%，所占比率较高，该地区1996—2004年长爪沙鼠数量处在低谷期。

由以上看出，1997—2002年长爪沙鼠种群年龄的组成，年度变化较大，有明显的年度差异。鼠类年龄组成中各年龄的变化是影响种群数量的因素之一，还应对其他因素，如优势种的数量、该鼠的数量、怀孕率、平均胎仔数、2次怀孕率、繁殖指数和自然因素等，结合在一起，进行综合分析才能对种群数量变化做出正确的估计。

六、长爪沙鼠的种群繁殖特征

有关长爪沙鼠生态（赵肯堂，1960；秦长育，1984；周庆强等，1985）与种群动态（董维惠等，2004）已有详细报道，对于该鼠连续多年的繁殖生态研究较少。1992—2013年对长爪沙鼠的繁殖生态进行研究，由于1984—1991年和2003—2013年捕获长爪沙鼠较少，有的年份捕获率甚至为0%，因为本书主要用1992—2002年的繁殖数据来分析长爪沙鼠的繁殖生态。

1984—2004年，在调查地的不同生境内共放布330 897个夹日，捕获鼠10 495只，其中长爪沙鼠3 739只，占总捕获鼠的35.63%，为呼和浩特地区的第二优势鼠种。

1. 雌雄性比

性比用雌雄性在种群中所占的百分比表示，

$$雌性比（\%）=♀/（♀+♂）\times 100$$

1992—2002 年雌性比见表 3-30。雌性比在鼠类生态学中具有重要的意义，性比的变化对种群数量和繁殖都有显著影响。

表 3-30　长爪沙鼠性比♀/（♀+♂）×100%

年份	4 月	5 月	6 月	7 月	8 月	9 月	10 月	合计
1992	0	57.78	48.32	47.37	66.67	53.85	52.56	52.62
1993	62.30	56.14	54.39	46.51	45.76	60.38	61.90	55.73
1994	51.33	61.94	55.00	48.21	51.79	64.52	70.27	55.03
1995	54.24	53.33	43.70	55.57	51.85	41.67	57.81	50.91
1996	62.5	51.90	59.09	55.74	62.50	44.94	46.67	54.68
1997	55.17	58.62	60.00	60.87	28.57	66.67	56.25	57.25
1998	66.67	46.88	48.28	60.00	57.14	0	100.00	51.69
1999	60.66	36.36	66.67	0	70.00	0	100.00	57.14
2000	20.00	50.00	63.64	60.00	50.00	33.33	33.33	50.00
2001	66.67	58.82	44.44	50.00	70.00	0	100.00	60.00
2002	67.35	64.10	52.50	44.44	16.67	55.56	16.67	57.08
合计	56.20	68.62	51.60	52.12	51.56	52.49	57.14	56.60

（1）性比的年度变化。1992—2002 年解剖长爪沙鼠 2 654 只，其中雌鼠 1 488 只，总的性比为 56.60%，雌性多于雄性，仍然符合雌雄性比 1∶1，经 t 值测验，t 值为 $1.57<t_{0.05}=1.96$ 无显著差异。11 年中均是雌性多于雄性，经方差分析，各年之间差异非常显著（$F=5.52>F_{0.05}=3.69$）。但各年的性比仍然符合雌雄性比 1∶1 的规律，2001 年雌性最多，占 60%，与 1∶1 比较 t 值测验 $t=0.83<t_{0.05}=1.96$ 无显著差异，其余各年均在 50%～60%。

长爪沙鼠各年性比与各年种群数量之间，经相关分析，$r=|-0.396|<r_{0.05}=0.602$，相关不显著。如 1994 年年均捕获率最高为 6.62%，雌性比为 55.03%，2000 年捕获率仅为 0.27%，而雌性比为 50%，性比并未随着数量降低而增加，这和当地黑线仓鼠的情况不同，黑线仓鼠各年性比与种群数量呈显著负相关（$r=|-0.605|>r_{0.01}=0.561$），数量高峰年，雄性多于雌性。

（2）性比的季节变化。1992—2002 年 4—10 月各月平均性比，5 月最高为 68.62%，依次是 10 月和 4 月，6 月最低为 51.60%（表 3-30）。它们之间经方差分析 $F=3.17<F_{0.05}=3.27$ 无显著差异。各年同月份的性比大部分无显著差异，只有少数几个月有显著差异。如 2000 年 4 月仅为 20.00%，而 2002 年 4 月为 66.35%，它们之间经 t 值测验 $t=2.089>t_{0.05}=2.004$ 和 $t=2.026>t_{0.05}=2.004$ 差异显著。

2. 雄性繁殖特征

长爪沙鼠雄性繁殖特征，包括睾丸是否下降至阴囊内，精子是否成熟，睾丸、精巢和附睾丸的重量、横径和纵径等。雄性成熟的最显著特征是附睾丸中精子成熟和睾丸下降，经过多年的观察，二者是同步的，因此可用睾丸下降表示长爪沙鼠的性成熟。

（1）雄性睾丸下降率的年度变化。1992—2002 年共解剖长爪沙鼠雄鼠为 1 256 只，雄性睾丸下降率见表 3-31，睾丸下降的鼠为 1 077 只，下降率为 (85.75±2.85)%，睾丸下降率年度变化明显，1998 年最低为（69.77±14.00)%，1993 年最高为（93.68±3.62)%。各年睾丸下降率经方差分析 $F=1.30<F_{0.05}=2.45$，差异不显著。1992—2002 年年均下降率与年均捕获率作相关分析，相关系数 $r=0.244<r_{0.05}=0.602$，相关不显著。该地区另一优势种黑线仓鼠平均睾丸下降率与平均捕获率呈非常显著负相关（$r=|-0.772|>r_{0.01}=0.561$），从而看出两种鼠的睾丸下降率与种群数量之间的关系是不一样的。

（2）睾丸下降率的季节变化。睾丸下降率的月变化明显，8 月下降率最高为 (91.13±5.49)%，10 月最低为（74.42±7.54)%，8 月最高是由于春季出生的鼠 8 月性成熟的缘故。10 月最低是当年秋季出生的鼠性未成熟，而部分成年鼠又结束了繁殖，使睾丸下降率降低，二者差异非常显著（$t=3.541>t_{0.01}=2.576$）。内蒙古自治区四子王旗长爪沙鼠成年及老年鼠，春季睾丸下降率均为 100.00%，呼和浩特地区，4 月雄鼠睾丸下降率为（86.25±4.36)%，比四子王旗的低，其原因是包括了幼体和亚成体。一方面，四子王旗秋季成年组和老年组的平均睾丸下降率为（63.82±8.32)%，呼和浩特地区包括幼年和亚成年个体，睾丸下降率为（74.42±7.54)%，高于四子王旗的，可能是呼和浩特地区较四子王旗气候暖和的缘故。另一方面，四子王旗仅是 1 年的资料，如果有多年资料平均后也可能会提高。从表 3-31 看出，1997 年、1998 年、1999 年和 2001 年 10 月下降率为 0%，1996 年仅为 31.25%，但经过多年资料平均仍达到 74%以上。因此，只有通过多年的调查，得出的结论可能更接近实际。

表 3-31　长爪沙鼠睾丸下降率　（%）

年份	4月	5月	6月	7月	8月	9月	10月	合计
1992	0	86.84	90.00	80.00	100.00	58.33	83.78	83.72
1993	100.00	84.00	92.31	100.00	100.00	95.24	83.33	93.68
1994	79.20	88.89	96.30	93.10	92.59	54.55	81.82	84.05
1995	92.59	95.24	89.55	80.43	96.15	100.00	92.59	90.91
1996	93.33	92.11	88.89	74.07	66.67	66.67	31.25	77.33
1997	100.00	83.33	60.00	88.89	100.00	100.00	0	76.27
1998	66.67	58.82	80.00	100.00	33.33	100.00	0	69.77
1999	100.00	100.00	0	100.00	66.67	0	0	85.71
2000	100.00	100.00	25.00	100.00	100.00	100.00	100.00	85.71
2001	83.33	100.00	100.00	100.00	100.00	0	0	92.31
2002	87.50	92.86	100.00	100.00	80.00	87.50	80.00	91.21
合计	86.25	87.95	88.02	85.94	91.13	81.90	74.42	85.75

3. 雄性繁殖期

1984—2004 年每年 4 月开始调查，缺少 11 月至翌年 3 月的资料，因此对于呼和浩特地区长爪沙鼠雄性春季性成熟期难以确定。但根据赵肯堂先生资料，呼和浩特地区爪沙鼠繁殖开始于 2—3 月，一般雄性睾丸下降较雌性成熟早 15~30d，故可以推测雄性睾丸下降开始于 1 月下旬至 2 月中旬。由表 3-31 可看出，睾丸下降结束至少在 11 月，1992—2002 年中，只有 1997 年结束于 10 月，1998 年、1999 年和 2002 年因 10 月未捕到鼠，还不能确定这 3 年雄性繁殖期。长爪沙鼠雄性繁殖期 1 年约有 10 个月或更长。长爪沙鼠在实验室内全年可以繁殖，在自然条件下遇上暖冬可以全年繁殖。

4. 雌性繁殖特征

（1）怀孕率。怀孕率是指解剖时肉眼观察到子宫内具有胚胎的鼠占雌鼠（包括幼体和亚成体）的百分率，1992—2002 年呼和浩特地区长爪沙鼠怀孕率见表 3-32。

表 3-32　长爪沙鼠怀孕率　（%）

年份	4月	5月	6月	7月	8月	9月	10月	合计
1992	0	46.15	44.74	25.00	70.00	7.04	0	30.37

（续表）

年份	4月	5月	6月	7月	8月	9月	10月	合计
1993	44.74	50.00	38.71	20.00	25.93	37.50	0	31.05
1994	24.06	11.36	21.21	33.33	17.24	0	0	18.59
1995	0	25.00	32.69	25.86	7.14	5.00	5.41	17.53
1996	16.00	41.46	28.21	17.65	20.00	0	0	22.65
1997	37.50	41.18	26.67	0	0	0	0	21.58
1998	50	20.00	20.43	33.33	25.00	0	0	26.09
1999	50.00	25.00	0	0	14.29	0	0	28.57
2000	100.00	100.00	0	50.00	100.00	0	0	42.86
2001	25.00	40.00	50.00	25.00	0	0	0	25.64
2002	36.36	16.00	19.05	25.00	0	30	0	23.14
合计	27.27	32.42	29.84	23.92	20.45	14.66	1.36	23.66

①怀孕率的年度变化。长爪沙鼠 11 年平均怀孕率为（23.66±2.16）%，年间怀孕率之间无显著差异（$F=1.97>F_{0.05}=2.49$），但最高年份与最低年份之间有明显的差别，2000 年怀孕率最高为（42.86±21.60）%，1995 年最低为（17.53±4.70）%，二者差异非常显著（$t=2.837>t_{0.01}=1.96$）。年怀孕率均与年均捕获率之间呈显著负相关（$r=|-0.664|>r_{0.05}=0.602$）。1994 年和 1995 年是长爪沙鼠数量的高峰期和下降初期，捕获率分别为 6.26%和 4.64%，而这两年怀孕率分别为（18.59±4.32）%和（17.53±4.70）%，是 30 年中最低的两年，可见，怀孕率是影响种群数量变化的重要因素之一。

这种现象在鼠类繁殖生态中普遍存在，鄂尔多斯沙地草场黑线仓鼠怀孕率与种群数量呈显著负相关（$t=|-0.755|>r_{0.05}=0.707$）（董维惠等，2003），该地区的子午沙鼠 1991—1995 年的年均捕获率与 1992—1996 年的年均怀孕率呈显著负相关（$r=|-0.933|>r_{0.05}=0.878$）（周延林等，1999），小毛足鼠年均怀孕率（1991—1998 年）与年均捕获率也呈非常显著负相关（$r=|-0.851|>r_{0.01}=0.834$）（侯希贤等，2003）。有的鼠种虽然未达到显著程度但也呈负相关，如小家鼠（朱盛侃和陈安国，1993），布氏田鼠和呼和浩特地区的黑线仓鼠（$r=|-0.368|>r_{0.05}=0.456$ df=17）。

②怀孕率的季节变化。长爪沙鼠 1992—2002 年 4—10 月，各月平均怀孕

率变化非常明显。5 月怀孕率最高为（32. 42±5. 36）%，依次是 6 月，4 月，7 月，8 月，9 月，10 月（表 3-32），10 月的仅为（1. 36±1. 73）%。各月平均怀孕率之间经方差分析 $F=8.501>F_{0.01}=6.97$，差异非常显著。可以看出长爪沙鼠每年的繁殖高峰期是在春夏两季，而且春季高于夏季。

（2）胎盘斑率。11 年资料中未发现Ⅲ期胎盘斑，只有Ⅰ期和Ⅱ期的，Ⅱ期斑大而且颜色较深，Ⅰ期斑小而且颜色淡。胎盘斑率是指具有胎盘斑的鼠占雌鼠（包括未成年鼠）的百分率，1992—2002 年长爪沙鼠的胎盘斑率见表 3-33。

表 3-33　长爪沙鼠具有胎盘斑率　（%）

年份	4 月	5 月	6 月	7 月	8 月	9 月	10 月	合计
1992	0	30. 77	26. 32	36. 11	20. 00	42. 88	56. 11	36. 65
1993	39. 47	53. 13	51. 61	62. 00	37. 04	90. 63	56. 41	55. 71
1994	10. 53	54. 55	45. 45	44. 40	68. 97	40. 00	50. 00	33. 97
1995	65. 63	58. 33	44. 23	39. 66	60. 71	60. 87	62. 16	53. 78
1996	56. 00	48. 78	64. 10	61. 76	20. 00	38. 46	35. 71	51. 38
1997	25. 00	47. 06	46. 67	50. 00	50. 00	33. 33	44. 44	41. 77
1998	16. 67	40. 00	35. 71	50. 00	0	0	0	32. 61
1999	25. 00	100. 00	25. 00	0	57. 14	0	0	42. 86
2000	0	0	42. 86	33. 33	0	0	100. 00	28. 75
2001	50. 00	40. 00	25. 00	25. 00	87. 71	0	50. 00	48. 72
2002	42. 47	78. 00	71. 43	50. 00	50. 00	80. 00	0	65. 29
合计	29. 87	51. 88	46. 90	46. 41	48. 48	62. 07	53. 49	46. 37

①胎盘斑率的年度变化。11 年中总的平均胎盘斑率为（46. 37±2. 53）%，多于总的平均怀孕率（23. 66±2. 14）%，二者差异非常显著（$t=12.977>t_{0.01}=2.576$）。按理，总的怀孕率应多于或等于胎盘斑率，实际并非如此，这是因为胎盘斑在鼠体内可保留 3 个月以上，而孕鼠的怀胎最长只有 22~24d，因此，总的胎盘斑率高于怀孕率。年间胎盘斑率经方差分析，无显著性差异（$F=1.50<F_{0.05}=2.45$），年均胎盘率与年捕获率之间不相关（$r=0.05<r_{0.05}=0.602$）。

②胎盘斑率的季节变化。由表 3-33 看出，11 年各月平均胎盘斑率变化明

显，但各月胎盘斑率经方差分析无显著差异（$F=1.613<F_{0.05}=3.27$）。9月最高为（62.07±8.82）%，依次为10月，8月，5月，6月，7月和4月，4月的最低仅为（29.87±5.11）%，各月胎盘斑率的高低排序正好与怀孕率的排序相反，显然是由于胎盘斑在体内保留时间较长的缘故。

（3）胎仔数。胎仔数是指解剖时肉眼可见到的胚胎数，不包括死胎数。1992—2002年的胎仔数见表3-34。

表3-34 长爪沙鼠雌鼠平均胎仔数

年份	4月	5月	6月	7月	8月	9月	10月	合计
1992	0	4.96±0.23	5.47±0.34	6.11±0.39	6.00±0.22	6.00±0	0	5.43±0.16
1993	5.88±0.17	6.25±0.19	5.67±0.28	6.25±0.25	6.86±0.67	6.92±31	0	6.23±0.13
1994	6.75±0.21	6.10±0.53	6.14±0.26	6.22±0.28	6.40±0.24	0	0	6.53±0.14
1995	0	5.83±1.09	6.18±0.23	6.40±0.26	5.0±0	4.00±0	4.33±1.53	6.02±0.19
1996	6.25±32	5.65±0.19	5.73±0.30	5.50±0.43	5.0±0.58	0	0	5.66±0.15
1997	6.33±0.42	5.43±0.43	6.00±0.41	0	0	0	0	5.88±0.26
1998	6.00±0.58	5.33±0.33	5.33±0.66	6.00±0	10.00±0	0	0	5.42±0.31
1999	5.50±0.61	7.00±0	0	0	5.00±0	0	0	5.63±0.38
2000	4.00±0	6.00±0.58	0	7.33±0.33	6.00±0	0	0	6.22±0.43
2001	6.67±0.27	6.00±0.41	7.00±1.00	7.00±0	0	0	0	6.50±0.27
2002	6.08±0.44	6.63±0.33	6.00±0.41.	4.00±0	0	5.33±0.33	0	6.07±0.24
合计	5.94±0.27	5.93±0.18	5.95±0.16	6.09±0.32	6.26±0.58	5.56±0.61	4.33±1.53	5.95±0.11

①胎仔数的年度变化。长爪沙鼠11年平均胎仔数为（5.95±0.11）只。长爪沙鼠年平均胎仔数变化在（5.43±0.16）~（6.50±0.27）只，经方差分析，$F=6.93>F_{0.01}=3.69$，差异非常显著。各年年均胎仔数与年均捕获率之间，经相关分析，$r=0.371<r_{0.05}=0.602$，相关不显著。但上年平均胎仔数与当年平均捕获率，呈非常显著负相关（$r=|-0.739|>r_{0.01}=0.735$）。故可以用上年的平均胎仔数预测当年的平均捕获率。

宁夏回族自治区陶乐县长爪沙鼠1979—1980年，平均胎仔数为（5.80±0.14）只（秦长育，1984），与呼和浩特地区相比二者经t值测验无显著差异（$t=0.843<t_{0.05}=1.96$）。四子王旗春秋季平均胎仔数为（5.24±0.29）只（周

庆强等，1985)，与呼和浩特市相比二者有显著差异 ($t=2.29>t_{0.05}=1.96$)。四子王旗年平均胎仔较少，可能是只有春秋两季资料的缘故，如果有夏季的资料，平均胎仔数会提高的。

②胎仔数的季节变化。由表3-34看出，4—10月，各月平均胎仔数不同，8月最多为（6.26±0.58）只，依次为7月的（6.09±0.32）只，4—6月的几乎相同，在5.93～5.95，9月和10月的最少，分别为（5.56±0.61）只和（4.33±1.53）只。各月的平均胎仔数之间经方差分析 $F=0.066<F_{0.05}=3.97$ 差异不显著。

（4）胎盘斑数。

①胎盘斑数的年度变化。长爪沙鼠1992—2002年胎盘斑数见表3-35，年平均胎盘斑数为（5.89±0.07）个，与11年的平均胎仔数（5.95±0.11）个十分接近，他们之间无显著差异 ($t=0.46<t_{0.05}=1.96$)。11年平均胎盘斑数有（5.51±0.12）～（6.30±0.11）个，1992年最少，1995年最多。他们之间经方差分析，差异非常显著 ($F=16.70>F_{0.01}=3.69$)。年均胎盘斑数与年均捕获率之间做相关分析，$r=0.548<r_{0.05}=6.02$，相关不显著。上年平均胎盘斑数与当年捕获率之间呈非常显著负相关，$r=|-0.831|>r_{0.01}=0.735$。可以看出，上年平均胎盘斑数是影响当年捕获率的主要因子，故用当年的年均胎盘斑数，可以预测第2年的年均捕获率。

②胎盘斑的季节变化。11年中各月的平均胎盘斑数如表3-35所示，他们之间经方差分析，$F=0.99<F_{0.05}=4.35$ 无显著差异，胎盘斑数季节变化不十分明显。

（5）二次繁殖率。二次繁殖率是指根据解剖长爪沙鼠时发现，已怀孕并具有Ⅰ期胎盘斑，或未孕但具有Ⅰ、Ⅱ期胎盘斑的为2次繁殖的鼠。2次繁殖的鼠占参加繁殖鼠（已孕鼠或具有胎盘斑的鼠）的百分率称为二次繁殖率。11年的解剖鼠种未发现有3次繁殖的，(在四子王旗有少数1年至少繁殖3次的鼠)。11年中长爪沙鼠2次繁殖率见表3-36。

表3-35 长爪沙鼠胎盘斑数

年份	4月	5月	6月	7月	8月	9月	10月	合计
1992	—	5.56±0.22	5.10±0.41	6.00±0.23	6.00±0.22	5.33±0.21	5.39±0.21	5.51±0.12
1993	5.60±0.21	5.76±0.18	5.56±0.18	5.85±0.25	6.40±0.43	6.31±0.19	5.91±0.30	5.93±0.09
1994	5.57±0.43	6.33±0.14	6.20±0.28	5.92±0.26	6.10±0.20	5.67±0.40	6.36±0.30	6.16±0.06

（续表）

年份	4月	5月	6月	7月	8月	9月	10月	合计
1995	7. 15±0. 27	6. 29±0. 38	6. 13±0. 04	6. 74±0. 06	6. 35±0. 07	6. 06±0. 29	6. 00±0. 21	6. 30±0. 11
1996	5. 38±0. 31	5. 60±0. 20	5. 60±0. 24	6. 00±0. 32	5. 33±0. 33	6. 20±0. 66	6. 20±0. 49	5. 72±0. 12
1997	6. 00±0. 71	5. 50±0. 42	5. 29±0. 47	5. 63±0. 28	6. 00±0	6. 00±0	5. 75±0. 48	5. 62±0. 18
1998	6. 00±0	5. 83±0. 40	5. 60±0. 60	5. 67±0. 66	0	0	0	5. 80±0. 26
1999	5. 00±0. 58	7. 25±0. 85	6. 00±0	0	5. 67±0. 77	0	0	5. 83±0. 51
2000	0	0	6. 33±0. 67	5. 50±0. 50	0	0	0	6. 17±0. 40
2001	5. 83±48	5. 50±0. 65	6. 00±0	8. 00±0	5. 33±0	0	7. 00±0	5. 79±0. 26
2002	5. 79±0. 37	5. 69±0. 25	5. 27±0. 41	6. 50±0. 50	4. 00±0	5. 38±0. 60	0	5. 59±0. 17
合计	5. 81±0. 20	5. 93±0. 17	5. 73±0. 13	6. 20±0. 24	5. 69±0. 25	5. 38±0. 15	6. 09±0. 19	5. 89±0. 7

表 3-36　长爪沙鼠 1992—2002 年 2 次繁殖率　　　　（%）

年份	4月	5月	6月	7月	8月	9月	10月	合计
1992	0	0	0	0	11. 11	28. 57	34. 78	8. 59
1993	28. 13	30. 30	42. 86	23. 53	17. 65	41. 46	31. 82	32. 63
1994	0	0	4. 55	14. 29	16. 00	12. 50	7. 69	6. 10
1995	0	10. 00	12. 50	10. 53	15. 79	0	3. 85	8. 43
1996	10. 53	16. 22	25. 00	7. 41	33. 33	0	25. 00	16. 42
1997	0	6. 67	18. 18	14. 29	0	0	0	8. 00
1998	0	11. 11	25. 00	40. 00	0	0	0	18. 52
1999	11. 11	20. 00	0	0	0	0	0	10. 00
2000	0	0	0	40. 00	0	0	0	13. 33
2001	0	12. 50	0	0	0	0	0	3. 45
2002	15. 38	12. 77	25. 05	0	0	9. 09	0	14. 02
合计	16. 25	15. 25	21. 31	21. 44	18. 78	22. 90	20. 63	19. 48

1992—2002 年共有 149 只鼠参加 2 次繁殖，占繁殖鼠 765 只的（19. 48±2. 81）%。年均 2 次繁殖率与年均种群数量呈负相关（$r = |-0.345| < r_{0.602}$）但未达到显著程度，反映出 2 次繁殖影响着种群数量的变化。

由表 3－36 看出，11 年中各年的 2 次繁殖率变化较大，由 3. 45%～32. 63%，最大值是最小值的 9. 5 倍。经方差分析，2 次繁殖率年间差异非常显著（$F=16.376>F_{0.01}=9.65$）。

11 年各月 2 次繁殖率的平均值最大为 22.90%，最小为 16.25%，经方差分析 $F=1.16<F_{0.05}=5.59$，差异不显著。

（6）雌性繁殖期。从表 3-32、表 3-33 和表 3-36 看出，4 月的怀孕率和胎盘斑率分别为 27.27%和 29.87%，并且有参加 2 次繁殖的鼠。长爪沙鼠怀孕期为 20~22d，4 月中旬已有 2 次怀孕的鼠，是在 3 月初产了第 1 胎，那么第一次交配至少开始于 2 月中旬，所以呼和浩特市长爪沙鼠的雌性繁殖期为 2—10 月。从表 3-32 看出，雌性繁殖期较短的是 1994 年，1996 年，1997 年和 2002 年，尤其 1997 年 7 月以后再没有孕鼠，繁殖至少结束于 7 月。1998 年和 2001 年虽然在 9 月也没有孕鼠，但不能说明繁殖结束于 9 月，因为 10 月未捕到雌鼠，不能确定。鼠类繁殖期长短与数量有关，一般而言，数量高的年份繁殖期短，数量低的年份繁殖期长。1994 年繁殖期短，本年是历年中数量最高的一年，年均捕获率为 6.26%。2000 年是捕获率最低的一年，仅为 0.27%，繁殖期应该长，可是在 8 月就结束了，为什么繁殖期而缩短了呢？可能与该年黑线仓鼠在群落中占 80.74%的绝对优势有关。

（7）繁殖指数。将呼和浩特地区长爪沙鼠 1992—2002 年的繁殖指数列于表 3-37。

长爪沙鼠 11 年平均繁殖指数为 1.068 4，11 年各年繁殖指数间经方差分析 $F=1.448<F_{0.05}=4.96$，无显著性差异。最高值为 1.332 9，最低为 0.525 1，二者相差 2.5 倍，差别较小。各年繁殖指数与各年平均捕获率作相关分析，$r=|-0.587|>r_{0.05}=0.576$，呈显著负相关。1994 年和 1995 年捕获率分别为 6.26%和 4.64%，是 11 年中数量最多的两年，他们的繁殖指数分别为 0.665 6 和 0.525 1，是 11 年中最低的 2 年。将 11 年同月份繁殖指数的平均值作成曲线，发现有两个峰，分别在 4 月和 6 月，前锋略高于后峰，10 月最低为 0.199 8。各月繁殖指数经方差分析 $F=0.967<F_{0.05}=3.97$，无显著性差异。

表 3-37 长爪沙鼠 1992—2002 年繁殖指数

年份	4 月	5 月	6 月	7 月	8 月	9 月	10 月	4—10 月
1992	—	1.322 7	1.176 9	0.723 6	2.80	0.230 8	0	0.867 6
1993	1.638 7	1.754 4	1.193 7	0.581 4	0.831 9	1.566 8	0	1.082 4
1994	0.837 2	0.429 6	0.716 3	0.999 6	0.571 4	0	0	0.665 6
1995	0	0.838 7	0.875 7	0.972 1	0.185 1	0.093 0	0.199 8	0.525 1

（续表）

年份	4月	5月	6月	7月	8月	9月	10月	4—10月
1996	0.625	1.215 8	0.955	0.541	0.625	0	0	0.700 9
1997	1.309 7	1.310 7	0.960	0	0	0	0	0.724 3
1998	2.00	1.499 7	0.551 4	1.200	1.428 6	0	0	0.792 9
1999	1.650	0.636 4	0	0	0.50	0	0	0.918 4
2000	0.8	3.00	0	2.199	3.00	0	0	1.332 9
2001	1.00	1.418	1.555 6	0.875	0	0	0	1.000
2002	1.489 0	0.679 5	0.60	0.444 4	0	0.888 3	0	0.801 7
合计	1.261 1	1.190 8	0.953 8	0.948 5	0.242 8	0.694 7	0.199 8	1.068 4

繁殖指数是影响种群数量重要因素之一，如9月繁殖指数与次年4月的捕获率呈非常显著相关，$r=0.967>r_{0.01}=0.959$，这样，就可以利用繁殖指数作为鼠类种群数量预测的一个重要指标。

综上所述，对长爪沙鼠30年繁殖生态的研究，基本掌握了该鼠的繁殖特点，为预测预报和防治提供了依据。

第三节　五趾跳鼠的生态研究

一、五趾跳鼠的地理分布及栖息环境

1. 地理分布

五趾跳数广泛分布于典型草原、荒漠及半荒漠草原，我国华北和西北诸省农田附近和林缘均有分布。国内主要分布于黑龙江、吉林、辽宁、河北、山西、陕西、宁夏、内蒙古、甘肃、青海、新疆维吾尔自治区（以下简称新疆）等省（区）。国外分布于蒙古国、朝鲜和俄罗斯。

2. 栖息环境

五趾跳鼠无固定栖息地，常在坚硬的黏土地区选择灌木丛（锦鸡儿堆附近）、沟坡圪塄下，在草地上挖洞而居，在农区常见于田埂、掩荒地、林缘附近栖息。

二、五趾跳鼠的形态特征

1. 外部形态

五趾跳鼠又称跳鼠、跳兔，属于啮齿目跳鼠科，是跳鼠科中体型最大的种类。体重85~140g，体长120~165cm。头圆眼大，耳长40~45mm，其长超过颅全长。后足长60~80mm，是前足长的3~4倍。后足具5趾，第1和第5趾较短，不及其他3趾的基部，不发达。中间3趾发达，中趾略长于第2趾和第4趾，第2和第4趾略等长，中间3趾爪长呈白色。尾长170~220mm，约为体长的1.5倍，尾粗状尾末端有黑白相间的长毛形成毛穗。头、体、背和四肢外侧为棕褐色或棕黄色，身体腹面为白色，前后足背面具白色短毛。

有关五趾跳鼠连续多年的生态学研究还未见到报道（赵肯堂，1982；梁杰荣和肖运峰，1982）。我们于1986—1990年在内蒙古自治区呼和浩特郊外对五趾跳鼠生态学进行了系统的调查和研究。1986—1990年，共采集该鼠标本1195号，其体重（113.5±1.1）g，体长（135.5±0.7）mm，尾长（202±0.7）mm，耳长（39.2±0.1）mm，后足长（69.3±0.3）mm。1986—1990年，共采集该鼠标本1195号，其体重（113.5±1.1）g，体长（135.5±0.7）mm，尾长（202±0.7）mm，耳长（39.2±0.1）mm，后足长（69.3±0.3）mm。

2. 头骨结构

头骨吻部细长，脑颅宽大而隆起，颧骨较细弱，后部较宽，有一垂直向上的分支，延伸至泪骨附近。腭孔狭长，末端超过上前臼齿。听泡隆起但比较小，不特别膨大，两听泡相距较远。上门齿显著前倾，其唇面白色，平滑无沟。

三、五趾跳鼠的生活习性

五趾跳鼠是夜行性鼠类，主要在夜间活动，白天偶尔见到。几年的调查中，不论夹捕或笼捕，都是从黄昏至次日晨捕到鼠。该鼠洞穴分散，夏季洞系简单，只有一个洞口，洞口明显，洞径6~8cm。根据剖胃分析其食性，春季吃新鲜植物和草根，夏季主要吃绿色植物和昆虫，秋季吃植物种子和昆虫。五趾跳鼠有冬眠习性，利用足迹法与捕获法观察其出入蛰期，从1986—1987年两年的资料表明，该鼠出入蛰期与气候有关，当春季日平均气温超过3℃时，五趾跳鼠即出蛰，随着气温的增高，出蛰鼠增多。呼和浩特地区每年3月下旬至5月初为出蛰期，大约持续40d（雌雄鼠持续各一个月，彼此交叉10d），出蛰的顺序为先雄后雌，先成体后亚成体，雄鼠比雌鼠早出蛰20d左右。9月底至10月20日左右为入蛰期，入蛰的顺序：先雌后雄，先亚成体后成体。

四、五趾跳鼠的种群年龄鉴定和年龄组成

鼠类种群的年龄组成和种群数量的变动密切相关。分析种群年龄结构中各年龄组的比例，有助于研究种群繁殖和种群数量变动。鼠类种群年龄组的划分多依据牙齿的生长、臼齿齿冠的磨损程度、臼齿的形态变化、头骨外形结构的量度、体重、体长、繁殖特征和胴体重等项指标。用水晶体干重作为划分年龄的指标，国内外曾有过报道（Yabe，1979；鲍毅新和诸葛阳，1984；黄孝龙等，1985）。

1. *材料和方法*

标本采自内蒙古自治区呼和浩特郊区。1986年和1987年3—10月各捕获该鼠277只和312只（共589只）。把捕获的鼠全部称重、测量、解剖，然后将头骨浸泡在5%~10%福尔马林溶液中至少1周。剥制头骨标本时将水晶体取出，自然风干后与头骨一起保存。待五趾跳鼠全部入蛰后，把全年捕获鼠的水晶体在80℃下恒温干燥12h，用电子天平逐个称量每只鼠的一对水晶体重，精确至0.01mg。1986年具有水晶体的完整头骨标本为262只（雄性151只，雌性111只），1987年294只（雄性173只，雌性121只），共计556只。

2. *年龄组的划分*

五趾跳鼠水晶体的平均干重，1986年雄性为（87.89±1.98）mg，雌性为（82.05±2.34）mg，二者无显著性差异（$t=0.8314<t_{0.05}$）；1987年雄性为（94.46±1.83）mg，雌性为（87.87±2.13）mg，二者也无显著差异（$t=0.9511<t_{0.05}$）。可见水晶体干重不受性别影响，因此，五趾跳鼠雌雄性可以用一个标准划分年龄组。

将两年3—10月五趾跳鼠水晶体干重作次数分配列于表3-38。

表3-38　五趾跳鼠水晶体干重各月分配次数

晶体干重(mg)	1986年								1987年							
	3	4	5	6	7	8	9	10	3	4	5	6	7	8	9	10
20.1~25.00					2											
25.01~30.00					1											
30.01~35.00					2											
35.01~40.00					1											
40.01~45.00					3								1			

（续表）

晶体干重（mg）	1986年								1987年							
	3	4	5	6	7	8	9	10	3	4	5	6	7	8	9	10
45.01~50.00					2	3	1						3	3	2	
50.01~55.00					9	1	5	1					11	3	4	
55.01~60.00		2			1	2	5	2			1		7	1	2	1
60.01~65.00		3	1		3	10	7	2						7		2
65.01~70.00		3			2	4	1	1		1	1			7	3	3
70.01~75.00		3	2		1	5	4			5	4	1		2	3	
75.01~80.00		4	2	5	2	1	6	1		5	3	4		1	2	
80.01~85.00		4	2	4			5	1		5	5	11			2	
85.01~90.00		7	6	10	1					7	8	4	2			
90.01~95.00			1	2	2					8	7	6	5			
95.01~100.00		1	4	3	2	1				2	4	10	1	1		
100.01~105.00		4	2	2	2	2				1	3	8	6	2	1	
105.01~110.00		3	3	2		4	4	3		4	2	4	2	3		
110.01~115.00		4	2	3	3	3		1		4	5	1	1	3	1	
115.01~120.00	1	1	5	3		2		1		5	6	7		1		
120.01~125.00	1	4	5	2		1	1	2		4	1	6	2	1	1	
125.01~130.00			4	1	1	1		1		3	4	2	1		1	
130.01~135.00		1				1				6	4	3	3	1		
135.01~140.00													1			

从表3-38看出，两年中水晶体干重最轻的个体出现在7—9月，主要集中在7月。同时观察到五趾跳鼠体重最轻的个体也出现在7月。6月中旬以前捕获的鼠，水晶体干重均大于55.00mg。该鼠具有冬眠的习性，每年3月下旬至5月上旬为出蛰期。两年的资料表明，五趾跳鼠出蛰不久就开始繁殖，8月未捕到孕鼠，所以4—7月为繁殖期。绝大多数一年繁殖1次，极个别鼠一年繁殖2次，第二次产仔在7月中旬以后。两年中4月的怀孕率较低，分别为11.11%和14.29%，5月怀孕率最高，两年分别为81.25%和75.00%。6月具有胎盘斑的鼠最多，两年占当月母鼠的比例分别为64.71%和70.97%。由此看出，多数鼠是在6月产仔，当年出生的鼠最早也在6月下旬出窝（多数在7

月）。因此 6 月中旬以前捕获的鼠全为越冬鼠。全年捕获鼠分成两个时期即 3—6 月和 7—10 月，将两年内这两个时期水晶体的干重分别作次数分配，划分成 7 个年龄组。

用水晶体干重划分五趾跳鼠年龄组的大致界限是：幼年组：55.00mg 以下；亚成年组：55.01～77.50mg；成年Ⅰ组：77.51～87.50mg；成年Ⅱ组：87.51～102.50mg；成年Ⅲ组：102.51～117.50mg；成年Ⅳ组：117.51～130.00mg；老年组：130.01mg 以上。

五趾跳鼠每年 10 月至次年 3 月为冬眠期，在休眠期间水晶体生长缓慢或停止生长。因此，上年出生的亚成年鼠虽然经过一次越冬成长为成年组，但水晶体干重仍然接近于上年休眠前的亚成年组。当水晶体干重在 55.01～77.50mg 范围时，成年Ⅰ组与亚成年组的区别有两点：①是否经过越冬。②7 月以后是否参加繁殖。经过越冬（6 月以前捕获）和 7 月以后参加繁殖的为成年Ⅰ组；当年出生性未成熟没有参加繁殖的为亚成年组。因此，幼年组和亚成年组均为当年出生的鼠。

五趾跳鼠各年龄组水晶体干重平均值差异非常显著（表 3-39）。

表 3-39　五趾跳鼠各年龄组水晶体干重　　（mg）

年龄组	鼠数（只）	平均值	标准误	标准差	T 测验
幼年组	58	48.997 1	0.886 4	6.750 3	$t=14.7595>t_{0.01}$
亚成年组	90	64.729 2	0.591 9	5.615 2	$t=15.8977>t_{0.01}$
成年Ⅰ组	123	78.351 9	0.619 6	6.872 1	$t=20.9833>t_{0.01}$
成年Ⅱ组	102	94.328 6	0.442 6	4.470 0	$t=25.9907>t_{0.01}$
成年Ⅲ组	100	110.253 1	0.423 7	4.236 7	
成年Ⅳ组	63	122.880 8	0.422 6	3.354 0	$t=21.1024>t_{0.01}$
老年组	20	112.960 5	0.552 6	2.471 4	$t=14.4886>t_{0.01}$

3. 种群年龄组成

（1）种群年龄组成的年间变化。1986—1989 年各年间种群年龄组成变化不十分明显，每年 3—6 月捕获的鼠全为越冬鼠，因此，这一阶段年龄组成中没有幼年和亚成年个体。7 月才出现当年出生的鼠。4 年中各年间种群年龄组成稍有不同，五趾跳鼠属于种群数量变化比较稳定的种类，因此，它们的年变动趋势基本一致。

（2）种群年龄组成的季节变化。当年出生的五趾跳鼠以亚成体入蛰，经过一次冬眠后都发育为成年Ⅰ组。因此，每年3—6月没有幼年和亚成年组的个体，成年Ⅰ~Ⅱ组所占比例最高（1986年占83.2%。1987年占73.26%，1988年占86.81%，1989年占78.62%），老年组所占比例较少。7—10月由于当年出生的个体大量出现，成、老年个体死亡，是幼年组和亚成年组在种群中所占比例增多，1986年幼年+亚成年个体占59.85%，1987年占60.00%，1988年占61.36%，1989年占53.24%。由此看出，五趾跳鼠种群年龄组成季节变化明显：3—6月成年Ⅰ~Ⅱ组个体占多数，7—10月幼年和亚成年组个体占多数。

（3）寿命。五趾跳鼠绝大多数1年繁殖1次，多数在6月出生，出生时间比较集中，这样，6月就成为划分五趾跳鼠年龄的1个时间界限，6月以前成年Ⅰ组个体越过一次冬为1周岁，成年Ⅱ组个体越过两次冬为两周岁。以此类推，该鼠的寿命为5年，多数能成活3~4年，能存活5年的较少。雄性寿命比雌性长，1986年老年个体中只有雄性，在种群中占0.08%；1987年雄性存活5年的占6.52%，雌性占0.54%；1988年只有雄性存活5年，在种群中占2.08%；1989年存活5年的个体中雄鼠占3.82%，雌鼠仅占0.76%。

4. 年龄与繁殖

五趾跳鼠的性比（♂/♀）两年分别为1.36和1.47，经卡方测验 $X^2=0.0425<X^2_{0.05}$，两年性比无显著性差异。1986年幼年组和亚成年组性比均为0.82，1987年分别为0.80和1.05，其他各年龄组性比见表3-40。在幼年和亚成年期，雌雄性比大致相同，接近1∶1。经过冬眠后成年Ⅰ组雄性显著多于雌性，其他各年龄组也有类似的现象，说明在冬眠期间，雌性死亡率较雄性高。经过繁殖期后，成年各年龄组又出现雌性多于雄性的现象，说明繁殖期间雄性死亡率较高。以雄鼠睾丸下降率、雌鼠怀孕率和胎盘斑率来分析在该年龄组的繁殖力（表3-40）。幼年组和亚成年组的个体都是当年出生的鼠，性未成熟不参加繁殖。由表3-40看出3—6月成年各组睾丸下降率不完全一致，这是由于出蛰不一致造成的。实际上当进入繁殖期，成年各组和老年组睾丸下降均达到100%。说明经过冬眠后雄性成年各组和老年组全部参加繁殖。

表 3-40　五趾跳鼠各年龄组繁殖特征

年份	月份	年龄组	雄性（♂）		雌性（♀）		性比
			数量（只）	睾丸下降率（%）	数量（只）	怀孕率（%）	（♂/♀）
1986	3—6	Ⅰ	29	93.10	18	33.33	1.61
		Ⅱ	18	100.00	9	44.44	2.00
		Ⅲ	19	89.47	11	63.64	1.73
		Ⅳ	17	94.12	3	66.67	5.67
		Ⅴ	1	100.00	0	0	1.00
	7—10	Ⅰ	10	30.00	5	0	2.00
		Ⅱ	7	42.86	3	33.33	2.33
		Ⅲ	9	22.22	11	9.09	0.82
		Ⅳ	4	25.00	5	0	0.80
		Ⅴ	0	0	1	0	0
1987	4—6	Ⅰ	35	74.29	20	40.00	1.75
		Ⅱ	35	85.71	18	33.33	1.94
		Ⅲ	19	94.74	17	35.29	1.12
		Ⅳ	17	100.00	10	40.00	1.70
		Ⅴ	12	100.00	1	0	12.00
	7—10	Ⅰ	3	33.33	3	0	1.00
		Ⅱ	4	100.00	8	25.00	0.50
		Ⅲ	7	85.71	7	0	1.00
		Ⅳ	5	100.00	2	0	2.50
		Ⅴ	4	100.00	1	100.00	4.00

Ⅰ：成年Ⅰ组　Ⅱ：成年Ⅱ组　Ⅲ：成年Ⅲ组　Ⅳ：成年Ⅳ组　Ⅴ：老年组

两年中雌性繁殖率不完全相同，分别为 82.14%和 75.60%，根据两年的平均数，老年组和成年Ⅱ组参加繁殖的鼠最多，分别占 100%和 94.44%；其次是成年Ⅲ和Ⅳ组，分别占 76.09%和 80.00%；成年Ⅰ组最低，为 66.67%。

五趾跳鼠寿命较长，水晶体终生生长，用其干重鉴定年龄较为合适。但五趾跳鼠在冬眠期间，水晶体生长十分缓慢。当年出生的鼠在亚成体时入蛰，所以亚成体和成年Ⅰ组的水晶体干重在 55.01～77.50mg 时，有部分重叠。因此单纯依靠水晶体干重来区分年龄有一定局限性，但若结合是否冬眠、是否参加过繁殖这两个因素来考虑是可行的。当水晶体干重为 55.01～77.50mg 时，若是 6 月中旬以前捕获的和 7 月以后捕获参加繁殖的应是成年Ⅰ组。

根据水晶体干重与体重比较后发现，只有幼年组与亚成年组、幼年组与成年Ⅰ组之间有显著差异［它们的平均体重分别为（85.98±2.06）g，（105.00±1.15）g和（114.80±0.96）g，各组之间交叉较多］。其余各年龄组都无显著差异。五趾跳鼠一生中要经过几次冬眠，每年冬眠之前体内积累脂肪，使体重显著增加，即使幼鼠的体重也能达到成熟的重量。冬眠期间消耗能量较多，出蛰时体重明显减少。因此，用体重划分五趾跳鼠的年龄是不可靠的。

幼年组、亚成年组和成年Ⅰ组的平均体长分别为（123.52±0.99）mm，（132.37±0.73）mm和（138.07±0.62）mm，随着年龄增长而增加。其他各年龄组体长随着年龄的增长而无明显变化，由成年各组至老年组分别为（137.56±0.66）mm，（134.22±2.47）mm，（140.40±0.85）mm，（138.75±1.59）mm。所以进入成年阶段后用体长来划分也较困难。

五、五趾跳鼠出入蛰期特征

五趾跳鼠是我国北方常见害鼠之一，分布广，活动范围大，平时数量比较稳定，但在一定条件下数量也可激增，形成危害。为探索其生态规律，给防制提供依据，我们于1986—1987年在呼和浩特市南24km处的本所试验场对该鼠的出入蛰期特征进行了调查。

1. 调查方法

出蛰调查从3月下旬开始至4月底结束，入蛰调查从9月中旬开始至10月下旬结束。1986年的出蛰调查采用按洞布夹和常规直线夹日法。1986年的入蛰和1987年的出、入蛰调查，均采用鼠迹法与布夹法相结合的方法。

鼠迹法：根据1984—1985年的调查，选五趾跳鼠密度较高的栖息地作为调查点。用泥抹子将沙土抹平，每个沙块为40cm×40cm，然后将沙块均分为16格。共做40个沙块，分三行，行距50m，块距25m。最后在沙块中央放置诱饵（花生米、玉米、小麦等），每日清晨检查五趾跳鼠的踩格数；踩格率=踩格总数/布格总数×100%。

2. 出蛰

（1）出蛰日期。1986年从3月19日开始按洞布夹，直到3月27日（共布夹773夹夜）才捕获第一只五趾跳鼠，以后陆续捕获（表3-41）。1987年4月3日发现有五趾跳鼠足迹，踩格率0.47%，4月2日就捕获了一只五趾跳鼠（表3-41）。

表 3-41　五趾跳鼠出蛰过程与温度的关系

时间		日均气温（℃）	捕获数（只）													
			雄性（♂）							雌性（♀）						
			Ⅰ	Ⅱ	Ⅲ	Ⅳ	Ⅴ	Ⅵ	Ⅶ	Ⅰ	Ⅱ	Ⅲ	Ⅳ	Ⅴ	Ⅵ	Ⅶ
1986年	3.27	4.2					1									
	3.28	2.1														
	3.29	2.0														
	3.30	3.0						1								
	4.1	4.3														
	4.2	5.5						1								
	4.3	4.8														
	4.4	3.2				1										
	4.5	3.8					1									
	4.6	4.9			1		1									
	4.7	8.3														
	4.8	10.0				1	1	1								
	4.9	9.0							1							
	4.10	4.8				1		1								
	4.11	4.8			1											
	4.12	8.6			1											
	4.13	105			1		1	1								
	4.14	7.0			1			1								
	4.15	6.3			1		1									
	4.16	10.4					1									
	4.17	11.0			1											
	4.18	13.9			1											
	4.19	3.9														
	4.20	2.2										1				
	4.21	4.4			3											
	4.22	6.0														
	4.23	12.4														
	4.24	9.3			1											
	4.25	7.6			1	1								1		
	4.26	7.3			4							1				
	4.27	8.1			1											
	4.28	8.7			1	1								1		
	4.29	10.6		1	2	1	1					3				
	4.30	13.6					1					2				

（续表）

时间		日均气温（℃）	捕获数（只）													
			雄性（♂）							雌性（♀）						
			Ⅰ	Ⅱ	Ⅲ	Ⅳ	Ⅴ	Ⅵ	Ⅶ	Ⅰ	Ⅱ	Ⅲ	Ⅳ	Ⅴ	Ⅵ	Ⅶ
合计			0	1	21	6	9	6	1	0	0	7	0	2	0	0
1987年	4.1	3.6														
	4.2	3.3					1									
	4.3	5.3			1	2										
	4.4	9.7					1		1							
	4.5	12.7														
	4.6	11.1						1								
	4.7	12.2														
	4.8	14.9							1							
	4.9	4.5				1										
	4.10	5.3														
	4.11	2.3														
	4.12	3.0														
	4.13	4.1				2	1									
	4.14	9.0														
	4.15	10.3				2										
	4.16	12.0														
	4.17	16.4			1											
	4.18	13.2			4	1	1	2								
	4.19	13.71				1	1									
	4.20	12.7			1			1								
	4.21	10.9			1	1		2				1				
	4.22	8.8			3	1	1	1				1				1
	4.23	14.6					1	1				1	1			
	4.24	10.6			3		2		3			2	1			
	4.25	–			2							1		1	1	
合计			0	0	16	11	9	8	5	0	0	6	4	2	1	1

注：Ⅰ~Ⅶ代表年龄组；日均气温为每日2时、8时、14时、20时的平均值

两年的调查表明，呼和浩特地区五趾跳鼠开始出蛰日期为3月底（27日）或4月初（2日）。年份不同，出蛰日期也不相同，这主要由气候因素所决定。从表3-41看出，1986年3月27日捕获第一只鼠，当天的日均气温为4.2℃；

1987年4月2日捕获第一只鼠，该日的日均气温为3.3℃。因此，在呼和浩特地区五趾跳鼠出蛰时的临界日均气温为3.3~4.2℃，这与赤颊黄鼠的出蛰温度相接近（和希格等，1981）。

1986年3月27日捕获第一只鼠，28日和29日连续两日由于寒流气温暂时下降未捕到鼠，30日温度回升，又捕获一只鼠（表3-41）。说明当环境温度低于出蛰临界值时，可暂时停止出蛰，待温度回升后接着出蛰。外界气候变化对出蛰鼠的这种影响只是局部和暂时的，并不会改变其受总的地带性气候影响所形成的每年的大致出蛰时间，赤颊黄鼠也有类似情况。

关于五趾跳鼠何时结束出蛰，从我们的调查结果看尚难以确定，有待延长调查时间。

（2）出蛰顺序。先雄后雌。1986年从3月27日捕获第一只鼠开始，直到4月19日捕获的鼠全为雄鼠，4月20日才捕获第一只雌鼠，雄雌出蛰相差23d。1987年从4月2日捕获第一只雄鼠起，直到4月17日才捕获第一只雌鼠，相差15d。可见，五趾跳鼠出蛰顺序为先雄后雌，雄雌出蛰相差20d左右。这与赤颊黄鼠和达乌尔黄鼠（张赫武和郑一明，1965；费荣中等，1975）先雄后雌的出蛰顺序相同。

从年龄组看出蛰无一定顺序，这与达乌尔黄鼠相同。年龄组划分：根据水晶体干重，将五趾跳鼠分为7个年龄组，即幼年组（Ⅰ）、亚成年组（Ⅱ）、成年1~4组（Ⅲ~Ⅵ）和老年组（Ⅶ）。出蛰是以成年鼠（Ⅲ~Ⅵ）为主，1986年和1987年出蛰的成年鼠分别占当年出蛰总鼠数的96.23%和90.48%。两年的出蛰调查均未捕到幼年鼠，1986年捕获亚成年鼠和老年鼠各一只，占3.77%；1987年未捕到亚成年鼠，捕到6只老年鼠，占9.52%。在出蛰的成年鼠中，成年1组所占比例最大，两年分别占成年鼠的54.90%和38.60%。这说明五趾跳鼠在呼和浩特地区主要以亚成体冬眠，其次是成年1~3组鼠。这是因为，亚成年组以上的五趾跳鼠每经过一次冬眠，其年龄组就增加一级，即亚成年鼠经过一次冬眠成长为成年1组，成年1组经过一次冬眠成长为成年2组，依次类推。

3. 入蛰

（1）入蛰日期。五趾跳鼠何时开始入蛰很难确定，但可分析出大致的入蛰开始时间。就踩格率（图3-8）看，1986年从10月5日开始入蛰，且呈突降式，到10月20日结束，嗣后的踩格率和捕鼠数均为零。1987年从9月29日开始入蛰，入蛰方式呈波浪式，也为10月20日结束。这两种不同的入蛰方式可能与气温变化有关。1986年10月以前的几天内踩格率很高，10月5~7

日踩格率缓慢下降，这几日的气温虽然较高（表3-42），但由于五趾跳鼠长期进化的原因，已形成了生理生态上的适应，便开始入蛰，到10月8日气温迅速下降，入蛰是无可选择的，致踩格率迅速下降，直到10月29日以后踩格率和捕鼠数均为零，说明入蛰过程结束，持续17d。1987年9月29日之前，踩格率高而稳定，从9月29日开始缓慢下降，但在下降的总趋势中时有升高，直到10月20日以后踩格率及捕鼠数均为零，说明入蛰过程结束，持续22d。

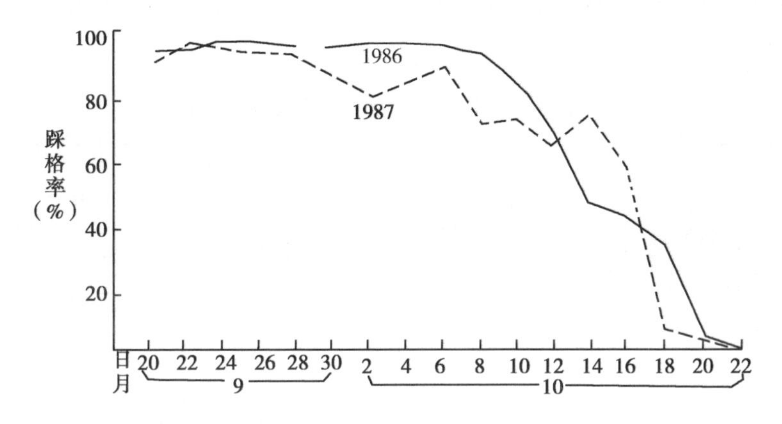

（曲线中每一点代表相邻两日的平均踩格率）

图3-8　五趾跳鼠入蛰过程踩格率的变化

1987年入蛰开始时间较1986年为早，可能因9月29日气温突然下降，迫使其开始入蛰，虽此后气温有所回升（如10月4、5两日的日均气温分别为16.2℃和19.1℃），但已到入蛰期；然而入蛰期比较缓慢，直到10月16日气温突然下降才迅速入蛰，到10月20日结束。

由此看出，呼和浩特地区五趾跳鼠入蛰开始时间是9月底还是10月初，取决于当时的气温及其自身的生态习性。如果9月底气温较低，即开始入蛰；否则，10月初才开始入蛰。10月初气温虽然较高，但由于长期适应，届时也会按照自然习性（可能是光周期的影响）而入蛰。因此，入蛰结束时间相同，且入蛰临界日均气温为14℃左右。

（2）入蛰顺序。由表3-42看出，1986年入蛰开始（10月5日）前的性比为（♂/♀）为0.92，入蛰开始后性比为5.00，说明雌鼠先入蛰。1987年入蛰开始（9月29日）前的性比为0.80，入蛰开始后为4.00，亦以雌鼠先行入蛰。

从年龄组看，两年中入蛰开始前有少数幼年鼠，入蛰开始后即已消失，可能是少数幼年鼠首先入蛰，或部分幼年鼠成长为亚成年鼠。两年入蛰调查中均未捕到老年鼠，可能在入蛰开始前已死亡。入蛰鼠中，亚成年鼠所占比例最大，因为两年中入蛰开始前亚成年鼠分别占总鼠数的 46.00%和 33.33%，这恰与前面的结论相符合，即五趾跳鼠主要以亚成体冬眠。至于不同年龄组的入蛰顺序，似无一定规律。

两年资料表明，五趾跳鼠出蛰和入蛰时间不完全一致，可能与当年的植被、水热、气候等因子有关。但在长期进化适应中所形成的大体出、入蛰时间规律不会改变。

表 3-42　五趾跳鼠入蛰过程与温度的关系

时间		日均气温（℃）	捕获数（只）													
			雄性（♂）							雌性（♀）						
			Ⅰ	Ⅱ	Ⅲ	Ⅳ	Ⅴ	Ⅵ	Ⅶ	Ⅰ	Ⅱ	Ⅲ	Ⅳ	Ⅴ	Ⅵ	Ⅶ
1986 年	9.14			3												
	9.15									1						
	9.16			2	1					2	2	1				
	9.17															
	9.18	13.8														
	9.19	13.3	1													
	9.20	16.0			1											1
	9.21	17.9														
	9.22	15.7														
	9.23	15.6			1											
	9.24	15.6					1									
	9.25	17.5		2	1						2	1		2		
	9.26	17.4								1	2					
	9.27	15.2			2							1				
	9.28	16.8		2							1					
	9.29	17.0	1								1					
	9.30	15.4			1		1									
	10.1	14.0						1				1				
	10.2	13.3		1							2			2		
	10.3	13.6					1				1				1	
	10.4	14.6		1												
	10.5	14.0					1									

（续表）

时间		日均气温（℃）	捕获数（只）													
			雄性（♂）							雌性（♀）						
			Ⅰ	Ⅱ	Ⅲ	Ⅳ	Ⅴ	Ⅵ	Ⅶ	Ⅰ	Ⅱ	Ⅲ	Ⅳ	Ⅴ	Ⅵ	Ⅶ
1986年	10. 6	13. 3														
	10. 7	13. 4						1								
	10. 8	5. 6				1										
	10. 9	5. 3										1				
	10. 10	6. 7														
	10. 11	5. 3														
	10. 12	7. 7														
	10. 13	7. 5		1												
	10. 14	3. 7														
	10. 15	6. 8														
	10. 16	6. 7														
	10. 17	7. 5														
	10. 18	9. 2														
	10. 19	8. 4														
	10. 20	9. 5				1										
合计			2	12	7	1	5	2	0	4	12	5	0	4	2	0
1987年	9. 14		1											1		
	9. 15							1				1				
	9. 16															
	9. 17														1	
	9. 18	17. 5		1	1						2				1	
	9. 19	18. 0						1			1					
	9. 20	16. 0	1		1											
	9. 21	16. 8								1						
	9. 22	19. 2														
	9. 23															
	9. 24															

（续表）

时间		日均气温（℃）	捕获数（只）													
			雄性（♂）							雌性（♀）						
			Ⅰ	Ⅱ	Ⅲ	Ⅳ	Ⅴ	Ⅵ	Ⅶ	Ⅰ	Ⅱ	Ⅲ	Ⅳ	Ⅴ	Ⅵ	Ⅶ
1987年	9.25															
	9.26															
	9.27	14.4														
	9.28	13.6									2					
	9.29	19.8														
	9.30	13.2		1												
	10.1	12.8														
	10.2	10.9														
	10.3	14.1		1												
	10.4	16.2														
	10.5	19.1														
	10.6	12.7		1												
	10.7	11.4														
	10.8	17.9														
	10.9	18.0														
	10.10	16.1														
	10.11	13.7														
	10.12	15.7														
	10.13	14.7														
	10.14	12.1														
	10.15	13.2		1												
	10.16	9.7														
	10.17	4.3														
	10.18	1.4														
	10.19	0.4									1					
	10.20	−0.5														
合计			2	5	3	0	0	2	0	1	6	1	0	1	2	0

注：10月20日以后的捕鼠数均为零

六、五趾跳鼠的繁殖特征

我们于1986—1989年，在内蒙古自治区呼和浩特郊区定点研究该鼠的生态特性，共捕获五趾跳鼠标本1 058只（雌鼠428只，雄鼠630只）研究了该鼠种群的繁殖特征。

1. 研究方法

自1986年以来，每年3—10月中旬，利用夹日法在试验场的撂荒地、草木樨、沙打旺、苜蓿、柠条地和试验场外西南相距约2. 5km的撂荒地里进行了调查。捕获的鼠全部称重、测量、解剖并保留头骨标本。

繁殖指标：观察雄鼠睾丸是否下降、精子是否成熟，称量睾丸的重量和长宽；观察雌鼠子宫发育情况，是否怀孕及有无胎盘斑等，怀孕以肉眼能直接看到的胚胎为准。把上述资料再根据不同年龄进行分析和数据处理，以研究五趾跳鼠种群的繁殖特征。利用眼球内水晶体干重作为划分该鼠年龄组的标准，可分为5个年龄组，有幼年组（Ⅰ）、亚成年组（Ⅱ）、成年组（Ⅲ~Ⅳ）和老年组（Ⅴ），该鼠寿命最长的为5年。

2. 性比

研究五趾跳鼠种群中雌雄所占比例，有助于了解种群数量动态。在自然界一般雌雄性比例接近1∶1。1986—1989年共解剖五趾跳鼠1 058只，其中雌鼠428只，性比用（♀/♀+♂）×100%表示，1986—1989年的资料表明雄性多于雌性，1986年42. 37%，1987年41. 16%，1988年40. 09%，1989年38. 15%。经t值测验年度之间无差异。总的性比为40. 45%。

根据1986—1989年的资料，五趾跳鼠种群性比有年度和季节差别（表3-43）。

表3-43　五趾跳鼠雌雄性比（♀/♀+♂）×100%

时间	年龄组	1986年	1987年	1988年	1989年
3—6月	Ⅲ	38. 30	36. 50	48. 78	50. 00
	Ⅳ	38. 09	39. 33	28. 57	25. 88
	Ⅴ	16. 66	27. 50	31. 58	17. 86
7—10月	Ⅰ	54. 84	55. 56	50. 00	42. 31
	Ⅱ	54. 90	48. 72	38. 46	54. 17
	Ⅲ	33. 33	50. 00	80. 00	36. 36
	Ⅳ	46. 67	57. 69	56. 52	50. 00
	Ⅴ	60. 00	25. 00	33. 33	37. 50

（续表）

时间	年龄组	1986年	1987年	1988年	1989年
合计（3—10月）	Ⅰ	54.84	55.56	50.00	42.31
	Ⅱ	54.90	48.72	38.46	54.17
	Ⅲ	37.10	37.70	52.17	45.16
	Ⅳ	39.08	48.00	34.58	33.88
	Ⅴ	29.03	26.42	32.00	25.00
	合计	42.37	41.16	40.09	38.15

4年的资料表明，6月以前捕获率的鼠全部是越冬鼠，6月以后才能捕到当年出生的鼠。故以6月为界可以划分成两个阶段，即3—6月为一段，7—10月为一段。经观察，在呼和浩特地区该鼠每年3月下旬至5月上旬陆续出蛰（临界气温为3℃），9月底至10月20日入蛰。

4年中，每年捕获的均是雄鼠多于雌鼠，经 X^2 测验各年度之间无显著性差异：1986年与1987年的 $X^2=0.0425<X^2_{0.05}$，1987年与1988年的 $X^2=0.0259<X^2_{0.05}$，1988年与1989年的 $X^2=0.1217<X^2_{0.05}$。

各年龄组之间性比有差别，幼年组（1989年除外）1986年和1987年均为雌鼠多于雄鼠，1988年两性接近1∶1。可以看出该鼠在幼年阶段两性接近1∶1，随着年龄的增长雄鼠多于雌鼠，雄鼠的寿命较雌鼠的长。

3. 雄性繁殖特征

将1986—1989年雄鼠的各项繁殖指标列于表3-44，1986—1989年各年睾丸下降率分别为58.28%，71.10%，71.94%和67.66%，4年平均下降率为67.30%。可以看出有以下特点。

表3-44　五趾跳鼠雄性繁殖特征

时间		年龄组	鼠数（只）	睾丸下降率（%）	睾丸重（g）	睾丸长（mm）
1986年	3—6月	Ⅲ	29	93.10	3.76±0.23	30.10±0.92
		Ⅳ	37	94.59	3.73±0.19	30.58±0.95
		Ⅴ	18	94.74	4.27±0.21	31.40±0.78

（续表）

时间		年龄组	鼠数（只）	睾丸下降率（%）	睾丸重（g）	睾丸长（mm）
1986年	7—10月	Ⅰ	14	0	0. 53±0. 08	13. 71±0. 67
		Ⅱ	23	0	0. 60±0. 06	15. 39±0. 50
		Ⅲ	10	30. 00	1. 24±0. 14	19. 50±1. 20
		Ⅳ	16	31. 25	1. 69±0. 42	21. 50±1. 90
		Ⅴ	4	25. 00	1. 40±0. 41	18. 75±2. 50
	3—10月	Ⅰ	14	0	0. 53±0. 08	13. 71±0. 67
		Ⅱ	23	0	0. 60±0. 06	15. 39±0. 50
		Ⅲ	39	76. 92	3. 12±0. 24	27. 38±1. 04
		Ⅳ	53	75. 47	3. 11±0. 29	27. 83±1. 20
		Ⅴ	22	81. 82	3. 56±0. 45	29. 15±1. 28
1987年	3—6月	Ⅲ	35	74. 29	3. 05±0. 18	31. 43±0. 81
		Ⅳ	54	88. 89	3. 90±0. 25	34. 42±0. 88
		Ⅴ	29	100. 00	4. 58±0. 32	35. 59±0. 76
	7—10月	Ⅰ	12	0	0. 42±0. 06	14. 08±1. 22
		Ⅱ	20	0	0. 56±0. 08	13. 30±1. 22
		Ⅲ	3	33. 33	1. 53±0. 74	22. 00±2. 89
		Ⅳ	11	90. 91	1. 84±0. 50	23. 43±3. 16
		Ⅴ	9	100. 00	2. 36±0. 68	27. 11±4. 52
	3—10月	Ⅰ	12	0	0. 42±0. 06	14. 08±1. 20
		Ⅱ	20	0	0. 56±0. 08	13. 30±1. 28
		Ⅲ	38	71. 05	2. 93±0. 18	29. 76±0. 85
		Ⅳ	65	89. 23	3. 56±0. 31	32. 94±0. 95
		Ⅴ	38	100. 00	4. 04±0. 34	33. 92±1. 05

（续表）

时间		年龄组	鼠数（只）	睾丸下降率（%）	睾丸重（g）	睾丸长（mm）
1988年	3—6月	Ⅲ	21	85.71	3.08±0.24	31.86±1.07
		Ⅳ	60	98.33	3.79±0.59	33.40±0.82
		Ⅴ	13	100.00	4.12±0.45	35.15±2.78
	7—10月	Ⅰ	14	0	0.33±0.04	11.64±0.95
		Ⅱ	16	0	0.54±0.07	15.75±0.83
		Ⅲ	1	0	1.40	17.00
		Ⅳ	10	70.00	2.48±0.71	24.20±2.98
		Ⅴ	4	75.00	1.55±0.65	32.00±2.04
	3—10月	Ⅰ	14	0	0.33±0.04	11.64±0.95
		Ⅱ	16	0	0.54±0.07	15.75±0.83
		Ⅲ	22	81.82	3.00±0.24	31.18±1.22
		Ⅳ	70	94.29	3.51±0.19	32.59±1.00
		Ⅴ	17	94.12	3.35±0.66	32.64±2.96
1989年	3—6月	Ⅲ	10	100.00	3.71±0.32	32.70±1.28
		Ⅳ	61	100.00	4.31±0.21	34.07±0.65
		Ⅴ	23	100.00	4.95±0.25	35.13±2.96
	7—10月	Ⅰ	15	0	0.45±0.05	13.53±0.99
		Ⅱ	22	0	0.53±0.05	14.45±0.74
		Ⅲ	7	42.86	0.86±0.09	18.00±1.09
		Ⅳ	19	41.11	1.49±0.32	24.32±3.03
		Ⅴ	10	70.00	2.11±0.38	28.60±2.19
	3—10月	Ⅰ	15	0	0.45±0.05	13.53±0.99
		Ⅱ	22	0	0.53±0.05	14.45±0.74
		Ⅲ	17	76.47	2.54±0.40	26.65±2.00
		Ⅳ	80	87.50	3.65±0.25	31.75±0.96
		Ⅴ	33	90.91	3.84±0.28	33.15±1.24

（1）当年出生的幼鼠，在入蛰之前虽然体重已达到成体的体重，一般均

在 140g 以上，只是为了准备冬眠，体内贮存大量脂肪而使体重增加，但性并未发育成熟，雄鼠的睾丸仍然未增大。

（2）每年 3—6 月，雄鼠睾丸下降率没有明显差别，若有差别主要发生在 3—4 月，3 月下旬至 5 月上旬先后出蛰完毕，一般出蛰 10d 左右睾丸就全部下降。从 4 月中旬睾丸的下降率可以反映出当年出蛰的迟早，1986—1989 每年 4 月的睾丸下降率依次是 90.47%、53.23%、81.92% 和 100.00%，1986 年和 1989 年比 1987 年和 1988 年出蛰早。

5—6 月成年各组的睾丸全部下降，说明凡是经过冬眠的雄鼠全部能参加繁殖。从睾丸下降率来看，雄鼠成年各组繁殖力没有差别，各组在 5—6 月均有 1 个繁殖高峰。

（3）出蛰期捕获的雄鼠，睾丸有的未下降，有的下降，重量一般大于 2g，长度大于 20mm，说明在冬眠期间就开始发育；4—5 月睾丸全部下降，睾丸的平均重量在 4g 以上（最重的 5g），平均长度在 30mm 以上；6 月有部分成鼠的睾丸重量开始减轻（3g 左右），以后逐月减轻；9—10 月捕获的雄鼠各年龄组睾丸平均重量都在 1g 以下，平均长度在 15mm 以下，说明五趾跳鼠在入蛰之前雄性繁殖进入休止期。

4. 雌性繁殖特征

（1）性成熟速度和一年中繁殖的次数。1986—1989 年，从每年 7 月在开始捕到当年出生的鼠（可持续到 10 月，主要集中在 7 月）。以 1986 年为例，7 月捕到当年出生的幼鼠占当月捕获总数的 58.82%，8 月占 11.76%，9 月占 15.38%，10 月占 8.33%，其他各年度也基本类似。当年出生的鼠至冬眠之前，性不成熟，处在幼年或亚成年阶段，均不参加繁殖。

在繁殖期（4—7 月），成年组每年参加繁殖的雌鼠，怀孕或具有胎盘斑的鼠占本年龄组的比例（表 3-45），1986 年为 61.76%，1987 年为 57.14%，1988 年为 68.64%，1989 年为 60.0%。4 年中成年Ⅰ组参加繁殖比例未超过 70%，而成年Ⅱ组占 84.03%，老年组占 92.94%，成年Ⅱ组和老年组均超过了 80%，可以看出：五趾跳鼠雌鼠性成熟至少需要经过 1 次冬眠，少数需要经过两次冬眠。

表 3-45　五趾跳鼠繁殖特征

年龄组	项目	1986 年	1987 年	1988 年	1989 年
Ⅲ	鼠数	18	21	19	10
	孕鼠数	6	8	10	5
	怀孕率（%）	33.3	38.1	52.6	50.0
Ⅳ	鼠数	24	45	34	29
	孕鼠数	11	15	16	8
	怀孕率（%）	45.83	33.33	47.06	27.59
Ⅴ	鼠数	3	11	8	9
	孕鼠数	2	7	6	2
	怀孕率（%）	66.67	63.64	75.0	22.22
总计	鼠数	45	77	61	48
	孕鼠数	19	29	32	15
	怀孕率（%）	42.2	37.7	52.5	31.3

五趾跳鼠 1 年中绝大多数繁殖 1 次，极少数个体可繁殖 2 次，1 年繁殖 2 次的，1986 年有 1 只，1987 年 1 只，1988 年 3 只，1989 年 1 只。其中 1988 年有 1 只是在 6 月怀孕的同时具有胎盘斑，其余都是在 7 月。未见到怀孕并具有 2 类胎盘斑和同时具有 3 类胎盘斑的鼠，说明一年内不能繁殖 3 次。

（2）胎仔数。五趾跳鼠每胎怀仔 1~5 只，3~4 只者居多。1986—1989 年平均胎仔数分别为 3.6±0.17，3.37±0.13，3.15±0.15 和 3.44±0.22。各年度差异不明显。各年龄组胎仔数有差别，成年Ⅰ组少于成年Ⅱ组，从表 3-46 可以看出，随年龄增长胎仔数相应增多。

表 3-46　五趾跳鼠雌鼠胎仔数

年龄组	月份	1986 年	1987 年	1988 年	1989 年
Ⅲ	4	4.0	4.0	0	0
	5	3.7±0.3	4.00	3.3±0.7	2.8±0.4
	6	3.0±0.0	3.3±0.3	2.4±0.4	0
	7	0	2.7±0.3	2.0±1.0	0
	合计	3.5±0.2	3.1±0.2	2.6±0.3	2.8±0.4

（续表）

年龄组	月份	1986年	1987年	1988年	1989年
Ⅳ	4	0	2.0±0	0	3.0±0
	5	3.6±0.3	3.2±0.3	3.7±0.3	3.8±0.2
	6	4.00	3.5±0.5	3.3±0.2	4.0
	7	3.5±0.5	4.5±0.5	3.05±1.0	3.0
	合计	3.6±0.2	3.5±0.3	3.4±0.2	3.8±0.2
Ⅴ	4	0	0	0	0
	5	4.5±0.5	4.0±0.0	3.5±0.2	0
	6	0	3.0±1.0	0	4.0±0
	7	0	4.0±0.0	0	5.0±0
	合计	4.5±0.5	3.7±0.3	3.5±0.2	4.5±0.5

5. 繁殖指数

繁殖指数是指整个繁殖过程中，某一时间内平均每只鼠可能增加的数量，繁殖指数用 I 表示。

$$I = NE/P$$

式中，N 为孕鼠数，E 为平均胎仔数，P 为总捕获鼠数。

把1986—1989年种群的繁殖指数有年度和季节差异（表3-47），4年中1986年最高，以后逐年降低，1989年最低。4月的共同特点是，每年繁殖指数5月最高，怀孕率高峰出现在5月，产仔高峰在6月，幼鼠到地面活动最多在7月。五趾跳鼠1年内只有1个繁殖高峰。

表3-47　五趾跳鼠的繁殖指数

年份	月份	N	E	P	I
1986	4	1	4.00	51	0.08
	5	13	3.77	39	1.26
	6	3	3.33	39	0.26
	7	3	3.00	43	0.21

（续表）

年份	月份	N	E	P	I
1987	4	2	3.00	63	0.10
	5	18	3.40	62	0.99
	6	7	3.00	67	0.31
	7	3	4.30	49	0.26
1988	4	0	0	11	0
	5	16	3.56	67	0.85
	6	14	2.86	69	0.58
	7	4	2.50	44	0.23
1989	4	1	3.00	42	0.07
	5	11	3.27	46	0.78
	6	2	4.00	44	0.18
	7	2	4.00	54	0.15

第四章　主要害鼠的种群数量变动规律

第一节　黑线仓鼠种群数量变动特征

一、研究方法

1984—2013 年，每年 4—10 月中旬在中国农业科学院草原研究所呼和浩特郊区实验场和托克托县永圣域乡的牧草、饲料栽培地、放牧场和附近农田等不同生境内，利用直线夹日法进行调查，每个样地布防 100～200 个夹日。捕获鼠经过常规的称重、测量后进行解剖，详细记录繁殖数据。

1984—2013 年调查地黑线仓鼠种群的捕获率情况见表 4-1。

表 4-1　呼和浩特地区 1984—2013 年黑线仓鼠的捕获率　　（%）

年份	4 月	5 月	6 月	7 月	8 月	9 月	10 月	年均
1984	—	—	5.35±1.28	5.99±0.46	6.84±1.58	7.54±1.18	9.87±1.35	7.47±0.62
1985	1.75±0.74	2.83±0.94	3.98±0.87	4.80±0.94	4.92±0.87	5.79±0.54	3.63±0.75	4.22±0.80
1986	1.11±0.48	1.83±0.54	2.14±0.54	1.92±0.54	2.33±0.60	3.00±0.75	2.77±0.69	2.17±0.23
1987	0.35±0.26	1.16±0.38	1.31±0.42	1.50±0.43	1.81±0.46	0.75±0.32	2.05±0.62	1.30±0.16
1988	1.16±0.48	1.80±0.58	1.38±0.42	2.00±0.51	1.37±0.42	0.69±0.30	1.12±0.40	1.35±0.17
1989	0.66±0.29	1.36±0.42	0.85±0.35	1.46±0.47	1.59±0.50	0.92±0.38	1.04±0.41	1.10±0.15
1990	—	0.60±0.26	—	0.97±0.31	—	0.69±0.21	—	0.75±0.15
1991	0.80±0.25	0.94±0.33	2.00±0.50	1.30±0.39	1.36±0.45	0.86±0.39	—	1.18±0.15
1992	0.43±0.11	1.55±0.52	2.18±0.61	1.14±0.44	1.18±0.45	0.55±0.31	1.05±0.43	1.19±0.18
1993	0.73±0.36	1.82±0.56	2.25±0.62	1.27±0.47	0.77±0.36	0.45±0.28	1.32±0.48	1.23±0.17
1994	0.78±0.37	0.64±0.33	1.23±0.46	1.36±0.48	0.14±0.16	0.50±0.29	0.36±0.25	0.72±0.13
1995	0.32±0.16	0.14±0.12	0.41±0.42	0.36±0.21	0.32±0.21	0.53±0.31	0.45±0.29	0.25±0.17
1996	0.57±0.27	0.78±0.30	0.80±0.32	0.66±0.27	0.84±0.31	1.11±0.33	1.21±0.40	0.85±0.12

（续表）

年份	4月	5月	6月	7月	8月	9月	10月	年均
1997	1.25±0.44	1.68±0.52	1.86±0.56	1.91±0.56	2.00±0.54	2.86±0.70	2.59±0.66	2.01±0.22
1998	1.55±0.52	1.27±0.47	1.14±0.44	0.88±0.37	1.12±0.44	2.77±0.69	2.77±0.71	1.65±0.20
1999	2.05±0.59	2.140.60	1.82±0.56	1.55±0.52	1.82±0.56	1.64±0.53	1.18±0.45	1.74±0.21
2000	1.40±0.46	1.82±0.59	2.50±0.65	2.82±0.69	2.55±0.66	2.00±0.59	2.45±0.65	2.20±0.23
2001	1.86±0.56	2.52±0.67	3.64±0.78	2.59±0.66	2.42±0.65	1.50±0.51	1.55±0.52	2.30±0.24
2002	1.05±0.44	1.86±0.58	1.29±0.48	0.67±0.35	0.29±0.23	0.43±0.28	0.52±0.31	0.87±0.15
2003	1.29±0.48	1.55±0.54	2.62±0.68	1.76±0.56	1.10±0.45	2.48±0.67	0.95±0.41	1.68±0.21
2004	181±0.65	1.94±0.68	2.00±0.69	3.19±0.86	1.00±0.49	0.81±0.44	1.13±0.52	1.71±0.24
2005	0.50±0.32	1.37±0.56	1.44±0.58	2.31±0.74	2.94±0.83	1.38±0.57	0.94±0.47	1.56±0.23
2006	1.38±0.57	0.65±0.13	0.31±0.27	1.19±0.53	0.38±0.30	0.44±0.32	0.88±0.46	0.74±0.16
2007	0.50±0.35	1.19±0.50	0.69±0.41	0.44±0.32	0.75±0.42	0.81±0.44	1.25±0.54	0.80±0.16
2008	0.83±0.51	1.25±0.36	0.73±0.50	0.59±0.43	0.92±0.54	0.42±0.37	1.08±0.50	0.83±0.19
2009	1.17±0.61	2.10±0.89	1.30±0.70	0.90±0.56	1.80±0.82	1.25±0.77	1.20±0.67	1.37±0.27
2010	0.83±0.26	1.00±0.31	1.00±0.31	1.30±1.36	1.00±0.31	0.13±0.13	1.00±0.31	0.91±0.11
2011	0.50±0.69	1.00±0.98	1.00±0.98	1.75±1.29	1.00±0.98	1.75±1.29	0.75±0.85	1.11±0.39
2012	1.00±0.97	1.25±1.09	1.25±1.09	0.25±0.49	0	0.25±0.49	0	0.57±0.28
2013	0.50±0.35	0.50±0.35	1.25±0.56	1.00±0.49	0.75±0.43	1.00±0.49	0.50±0.35	0.79±0.17
平均	1.00±0.09	1.40±0.11	1.72±0.20	1.67±0.31	1.62±0.26	1.51±0.29	1.69±0.34	1.55±0.24

二、黑线仓鼠种群数量年度变动

鼠类种群数量变动规律性不强，尤其是种群数量变化不稳定的类型，很难掌握它的变动的特点，只有通过长期定点调查才有可能找出规律。一般而言，鼠的数量变动经历低谷期—上升期—高峰期—下降期 4 个阶段。从图4-1 看出，呼和浩特地区黑线仓鼠的数量，1984—2013 年间，经历了高峰期（1984）、下降期（1985—1986）和低谷期（1987—2013 年）。至今 30 年来尚未完成一个变动周期，究竟需要多少年才能完成一个变动周期，目前还在继续调查中。

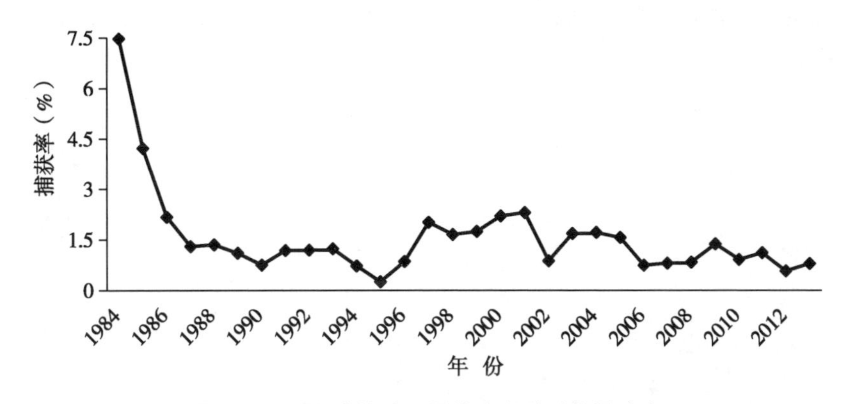

图 4-1　呼和浩特地区黑线仓鼠种群数量动态

三、黑线仓鼠种群数量季节消长

黑线仓鼠数量的季节消长比较明显，以 30 年的平均值比较，6 月最高为（1.72±0.20）%与 10 月的（1.69±0.34）%十分接近，4 月最低为（1.00±0.09）%，最高值是最低值的 1.72 倍，相差不多。月平均捕获率之间经方差分析 $F=1.075<F_{0.05}=3.23$，无显著差异。

从图 4-2 看出，1984—2013 年（1990 年除外，因该年只调查了 3 次）季节消长曲线共 29 个，其中单峰型的有 4 年，即 1984 年、1985 年、1997 年和 2005 年占 14%。双峰型的 18 个占 62%，三峰型的 7 个占 24%。可见，季节消长曲线以双峰型为主，其次是三峰型。

单峰型出现在数量最高和次高的年份（年均捕获率均在 2%以上），1984 年年均捕获率为 7.47%，1985 年为 4.22%，1997 年为 2.01%，高峰在 9 月或 10 月。

三峰型的常出现在数量最低或较低的年份，最高峰多在 6—7 月，只有一年最高峰在 10 月。

双峰型的多出现在低谷期的中等数量年份，而且多数是前锋高于后峰（29 年中有 18 年，占 62.07%）。

1984 年 11 月至 1985 年 3 月作过冬季调查，其捕获率分别为 4.61%（11 月）、0.97%（12 月）、0.09%（1 月）、1.88%（2 月）、2.00%（3 月），可以看出，12 月和 1 月黑线仓鼠很少出地面活动，2 月和 3 月逐渐增多，显然是因天气寒冷，该鼠很少出洞的缘故。后来，每年冬季就无须再作调查。

30 年来，虽然冬季没有作调查，但通过 10 月与翌年 4 月捕获率的比较，对其数量可以作出概括的估计（表 4-2），可以用下列公式计算出冬季数量的下降率：

$$下降率(\%) = \frac{10月捕获率 - 翌年4月捕获率}{10月捕获率} \times 100$$

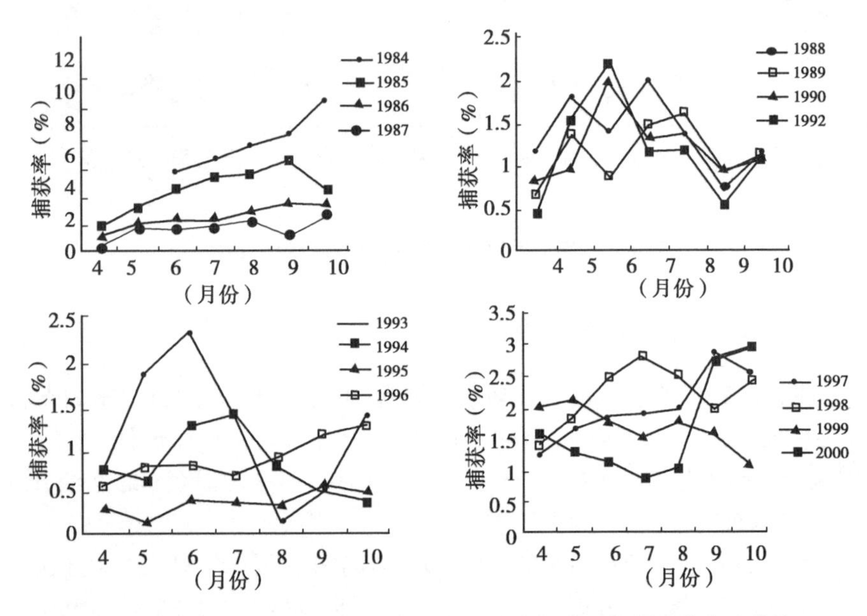

图 4-2　呼和浩特地区 1984—2004 年黑线仓鼠种群数量季节变动曲线

表 4-2　呼和浩特地区 1984—2004 年冬季黑线仓鼠数量消长趋势

冬季（11 月至翌年 3 月）	下降率（%）	冬季（11 月至翌年 3 月）	下降率（%）	冬季（11 月至翌年 3 月）	下降率（%）
1984—1985	82.27	1994—1995	11.11	2004—2005	0.96
1985—1986	69.42	1995—1996	-26.67	2005—2006	-0.47
1986—1987	87.36	1996—1997	-3.31	2006—2007	0.43
1987—1988	43.41	1997—1998	40.15	2007—2008	0.34
1988—1989	41.07	1998—1999	30.15	2008—2009	-0.08
1989—1990	42.31	1999—2000	-18.64	2009—2010	0.31
1990—1991	-15.94	2000—2001	24.08	2010—2011	0.5
1991—1992	50.00	2001—2002	32.26	2011—2012	0.33
1992—1993	30.48	2002—2003	-146.15	2012—2013	0
1993—1994	40.19	2003—2004	-90.53		

从表4-2看出，1984—2013年29年的冬季仅有9年冬季是增加的占30%，2002年11月—2003年3月冬季数量增加的最多，达146.15%，其次是2003年11月—2004年3月为90.53%，说明这两年繁殖开始的早，可能在2月就开始了。29个冬季中下降的有19年占65.50%，下降率最高的是1984—1987年3个冬季。

四、影响黑线仓鼠种群数量变动的因素

对影响鼠类种群数量变动因素的研究，一直是生态学者十分关注的问题，许多学者曾提出不少假说。影响因素归纳起来主要有两方面，即内部因素和外部因素。内因起主导作用，外因是通过内因起作用的。

1. 密度因子的调节作用

密度因子对种群数量的影响，在布氏田鼠（周庆强和钟文勤，1992）和小毛足鼠（侯希贤等，2003）曾有过详细的报道，对黑线仓鼠也有过报道（董维惠等，1993），我们再作如下的报道。

（1）当月捕获率对下月捕获率的影响。当月捕获率与下月捕获率之间作相关性分析，相关系数 $r=0.902>r_{0.01}=0.487$（df=23），相关非常显著。因此，当月捕获率是影响下月捕获率的重要因素之一。

（2）当月捕获率对隔月捕获率的影响。用当月捕获率与隔月捕获率作相关分析，相关系数 $r=0.921>r_{0.01}=0.487$（df=25），相关非常显著。

（3）当年9月捕获率对翌年4月捕获率的影响。用当年9月的捕获率与翌年4月的捕获率作相关分析，相关系数 $r=0.460>r_{0.05}=0.456$（df=17），相关显著。可以用9月捕获率预测翌年4月捕获率，在实践中具有重要意义，可为防治提供依据。由以上分析看出，黑线仓鼠的密度是自我调节种群数量的重要因子之一。

2. 种群性比对种群数量的影响

本书中性比用雌性比表示，即性比=♀/（♀+♂）×100%。

1984—2013年黑线仓鼠年均捕获率与平均性比间经相关分析，相关系数 $r=|-0.605|>r_{0.01}=0.56$（df=18），呈非常显著负相关。内蒙古自治区达拉特旗的黑线仓鼠1991—1998年年平均捕获率与平均性比也呈非常显著负相关，$r=|-0.980|>r_{0.01}=0.834$（df=6）（董维惠等，2003）。可见，雌性在种群中比例的多少是影响种群数量的重要因素之一。

3. 繁殖参数对种群数量的影响

（1）雄性睾丸下降率对种群数量影响。1984—2004年年均睾丸下降率与

平均捕获率之间作相关分析，相关系数 $r=|-0.722|>r_{0.01}=0.561$（df=18），呈非常显著负相关。雄性睾丸下降率低，则种群数量就高，反之则低。雄性睾丸下降率是影响种群数量的重要因子之一。

（2）雌性怀孕率对种群数量影响。1984—2004 年雌性年均怀孕率与平均捕获率之间，相关系数 $r=|-0.386|<r_{0.05}=0.456$（df=17），呈负相关，但未达到显著程度。而达拉特旗黑线仓鼠，1991—1998 年年均怀孕率与年均捕获率之间，相关系数 $r=|-0.755|>r_{0.05}=0.707$，呈显著负相关，可以看出，黑线仓鼠怀孕率对种群数量起负反馈作用，是影响种群数的重要因素之一。

（3）繁殖指数对种群数量的影响。繁殖指数是指整个繁殖过程中，在一定时间内平均每只鼠可增值的数量。1984—2013 年年均捕获率与年均繁殖指数的关系，经相关测验，$r=|-0.438|>r_{0.05}=0.433$（df=17），呈显著负相关。4 月繁殖指数分别与翌年 8 月、9 月和 10 月的捕获率之间，经相关性测验，相关系数 r 分别为 0.955、0.969 和 0.865，均大于 $r_{0.01}$，它们之间呈非常显著相关。由以上看出，繁殖指数是影响种群数量变化的重要因素之一。

此外，繁殖参数中，繁殖期的长短、二次怀孕率的多少也是影响黑线仓鼠数量的因素之一，繁殖期长、二次怀孕率低，其种群数量就低；繁殖期短、二次怀孕率高，则种群数量就高。

4. 群落中优势鼠种数量对黑线仓鼠种群数量的影响

在呼和浩特地区，黑线仓鼠和长爪沙鼠为优势种，但它们不会同时成为优势种，它们的优势地位互相转化，即一种鼠数量上升时，另一种鼠数量必然下降，经相关性分析，$r=|-0.589|>r_{0.05}=0.49$，呈显著负相关。1984—1986 年黑线仓鼠数量最多，在群落中占绝对优势，分别为 95.42%、90.49%和 84.91%，这三年长爪沙鼠捕获率均为 0%。而 1994—1996 年，长爪沙鼠上升为优势种，在群落中分别占 88.50%、94.89%和 66.04%，捕获率分别为 6.62%、4.64%和 1.73%时，则黑线仓鼠分别占 10.13%、5.01%和 32.60%，其捕获率分别为 0.72%、0.25%和 0.82%，是该鼠 30 年中数量较低的 3 年。可以看出，鼠类群落中长爪沙鼠数量是影响黑线仓鼠数量的重要因素之一。

5. 关于黑线仓鼠种群数量变动的周期

在呼和浩特地区，经过连续 30 年的调查，还未发现该鼠完成一个变动周期，而安徽淮北地区仅用 8 年（1982—1998）就完成了一个变动周期（朱盛侃和秦知恒，1991）。我们愿在此商榷，详细分析安徽淮北地区的资料后发现，其实 1982—1998 年黑线仓鼠数量一直处在低谷期，因为 1988 年捕获率最高仅为 2.68%，其余 6 年都在 2.0%以下，8 年期间年均捕获率的变化曲线貌似完成了一个周期，实际上一直是处在低谷期的小波动，捕获率都未超过 3%的，这样的密度，种群不会处在高峰期，淮北地区 1982—1988 年的变化曲线，酷似呼和浩特市 1992—1998 年的变动曲线。只有通过长期调查才能发现它们的变动规律。

6. 关于黑线仓鼠的数量与其各项繁殖参数的关系

黑线仓鼠数量处于高峰期时，种群的雌性比小、怀孕率低、胎仔数少、繁殖期短，繁殖指数也小，这种现象在其他的鼠种中也是如此，如布氏田鼠（董维惠等，1991；张洁和钟文勤，1995）和长爪沙鼠（夏武平等，1982；董维惠等，2004）。而 1994—1995 年，是黑线仓鼠数量最少的两年，各项繁殖参数理应都升高，但并没升高，性比为 48.95%和 47.66%，雄性多于雌性，怀孕率为 12.86%和 11.76%，二次怀孕率为 0%，繁殖指数仅为 0.384 6 和 0.289 9，雌性在 8 月就结束繁殖。这些参数比数量最高的 1984 年还低，这是为什么呢？作者认为这种反常的变化，是由于这两年长爪沙鼠在群落中占了绝对优势的缘故。1984—1986 年黑线仓鼠占绝对优势时，长爪沙鼠捕获率为 0%，这种现象在典型草原区的布氏田鼠也有过，当数量最多占绝对优势时，其他鼠种的数量很少。

7. 黑线仓鼠冬季数量变化趋势分析

在安徽淮北地区春季数量都比上年秋季增加了，说明该地区雌性繁殖开始的早；呼和浩特地区 1984—2013 年，29 个冬季中仅有 9 年种群数量是增加的，其余 20 年全是下降的。我们分析，这是因为呼和浩特地区较淮北纬度高，冬季漫长气候寒冷，故使鼠类在冬季死亡率高，加之繁殖开始的晚，表现为黑线仓鼠的数量在冬季是减少的。

8. 关于鼠类数量周期性变动原因的探讨

目前，有关鼠类数量周期性变动原因的探讨有多种假说（张志强和王德华，2004），较多学者支持“自我调节学说”，种群数量的变化是鼠类在内外因子的作用下通过自我调节来实现的。呼和浩特地区黑线仓鼠数量变化是与自我调节假说相一致的。当黑线仓鼠在群落中占优势时，影响种群数量变化的上述各项繁殖参数，是调节种群数量的主要因素。而当另外一种鼠在群落中占优势时，优势鼠种的数量就成为影响黑线仓鼠数量的唯一因素了，其本来固有的各项繁殖参数就不起主要作用了。

第二节　长爪沙鼠种群数量变动特征

一、研究方法

研究方法同黑线仓鼠，这里不再赘述。

1984—2004 年长爪沙鼠的捕获率列于表 4-3（2005—2013 年仅 2005 年和 2006 年各捕获 1 只，其余各年均未捕获）。

表 4-3　呼和浩特地区长爪沙鼠的捕获率　（%）

年份	4 月	5 月	6 月	7 月	8 月	9 月	10 月	年均
1984—1988	0	0	0	0	0	0	0	0
1989	0	0	0. 12±0. 13	0. 08±0. 11	0. 13±0. 14	0	0	0. 05±0. 03
1990	0	0. 20±0. 14	0	0	0	0	0	0. 06±0. 04
1991	0. 04±0. 05	0. 06±0. 08	0. 20±0. 15	0	0	0	0	0. 05±0. 04
1992	0. 29±0. 28	4. 08±0. 82	3. 00±0. 71	3. 27±0. 74	0. 68±0. 34	0. 50±0. 29	1. 86±0. 56	2. 04±0. 23
1993	2. 32±0. 63	2. 86±0. 70	3. 23±0. 74	2. 41±0. 64	2. 86±0. 70	2. 91±0. 70	3. 86±0. 80	2. 92±0. 27
1994	11. 87±1. 32	9. 82±1. 24	7. 59±1. 16	8. 14±1. 20	4. 18±0. 88	0. 91±0. 42	1. 05±0. 45	6. 26±0. 38
1995	3. 50±0. 53	4. 47±0. 68	6. 64±0. 92	7. 47±0. 94	2. 00±0. 52	4. 19±0. 86	6. 45±0. 78	4. 64±0. 28
1996	1. 37±0. 42	2. 47±0. 54	4. 03±0. 70	1. 74±0. 43	0. 78±0. 30	0. 84±0. 29	1. 07±0. 38	1. 73±0. 17
1997	1. 20±0. 44	1. 32±0. 48	1. 14±0. 44	1. 00±0. 41	0. 27±0. 20	0. 41±0. 28	0. 73±0. 36	0. 86±0. 14
1998	0. 41±0. 27	1. 45±0. 50	1. 27±0. 47	0. 42±0. 26	0. 28±0. 21	0. 05±0. 09	0. 05±0. 09	0. 55±0. 11
1999	0. 91±0. 40	0. 50±0. 29	0. 27±0. 22	0. 05±0. 09	0. 45±0. 28	0	0. 05±0. 09	0. 32±0. 09
2000	0. 24±0. 19	0. 36±0. 25	0. 50±0. 29	0. 45±0. 29	0. 09±0. 13	0. 14±0. 16	0. 14±0. 16	0. 27±0. 08
2001	0. 82±0. 38	0. 81±0. 38	0. 41±0. 27	0. 36±0. 25	0. 47±0. 29	0. 05±0. 09	0. 09±. 13	0. 43±0. 11
2002	2. 33±0. 65	3. 71±0. 81	1. 90±0. 58	0. 38±0. 26	0. 57±0. 32	0. 86±0. 39	0. 29±0. 23	1. 44±0. 19
2003	0. 14±0. 16	0. 10±0. 14	0. 05±0. 09	0	0	0. 10±0. 14	0	0. 05±0. 04
2004	0	0. 06±0. 21	0. 06±0. 21	0	0	0	0	0. 02±0. 03
合计	1. 96±0. 87	2. 15±0. 68	2. 03±0. 63	2. 15±0. 82	1. 06±0. 37	1. 00±0. 40	1. 25±0. 48	1. 70±0. 03

二、长爪沙鼠种群数量年度变化

长爪沙鼠种群数量变动属于极不稳定的类型，数量可以大起大落。如1984—1988年，连续5年未捕获到一只长爪沙鼠，捕获率为0%。而数量高峰期，就在同一个样地，有的样方中放100个鼠夹可以捕获102只，有两个鼠夹分别同时捕获了两只，捕获率为102%，高峰期与低谷期相比数量相差很大。1984—2004年间，该鼠种群数量变化经历了低谷期（1984—1991年），上升期（1992—1993年），高峰期（1994年）和下降期（1995—1996年）完成了一个变动周期。1个周期为14~16年（因为1984年前未开始调查，1982年数量较多，作者曾在调查区做过灭鼠试验，估计低谷期开始于1983年）。1997—2013年是下一个周期的低谷阶段。根据上述调查资料，长爪沙鼠完成第一个数量变动周期约需15年：低谷期10年，上升期2年，高峰期1年，下降期2年。从表4-3看出，1993—1994年数量上升是骤然升高的，1993年10月捕获率仅为（3.86±0.80）%，到1994年4月就达到（11.87±1.32）%，可见，1994年繁殖开始的早，估计在1—2月就开始大量繁殖了。这个骤然升高，从我们的调查资料中是不难预知的，分析1993年雌性繁殖资料就可以发现，1993年已为1994年数量爆发准备了条件，如怀孕率增高为（31.05±0.73）%，胎盘斑率增高为（55.71±0.78）%，二次繁殖的鼠为历年最多占（32.63±0.74）%；雄鼠睾丸下降为（93.68±0.38）%，长爪沙鼠在群落结构中占了67.98%，已上升为优势种，这几项指标都超过了历年的平均值，几乎都达到最高值。只要坚持连续调查是不难发现的。第二个周期需要多少年还无法确定，1997—2013年一直处在低谷期。

三、长爪沙鼠种群数量季节消长

北方小形鼠类种群数量的变化受气候条件的影响较大，它们常是在春季天暖后开始繁殖，一般一年繁殖2~3次，进入晚秋季节或初冬停止繁殖。长爪沙鼠多数在2月开始繁殖，延续至10月，繁殖休止期为11月—翌年1月。在正常情况下，它们的数量总是有规律的变化。从表4-3看出，长爪沙鼠历年各月平均数量是不同的，但经方差分析，$F=0.639<F_{0.05}=3.14$，并无显著性差异。

将历年各月平均值和每年数量季节变化分别绘成曲线，从图4-3看出，长爪沙鼠数量季节变化明显，各月平均值的曲线呈3个峰型，3个波峰分别在5月、7月和10月。前峰和中峰均高于后峰。下面对1992—2002年各月数量变化曲线进行分析。

历年平均值和 11 年（1992—2002 年）共 12 个季节变动曲线，分 3 种类型有：单峰型、双峰型和 3 峰型。单峰型仅有 1 年即 1998 年，占 9.09%，高峰在 5 月。3 峰型的有 2 年，占 18.18%，为 1992 年和 1994 年（均是前峰高于中峰和后峰）。其余各年都属于双峰型，只有 1993 年后峰高于前峰，其余各年均是前峰高于后峰。

12 个变动曲线中只有 1993 年是后峰（10 月）高于前峰，由此曲线的变化趋势，可以预示翌年数量要升高，事实上 1994 年数量爆发。

30 年的调查中，用上年 10 月和当年 4 月的捕获率进行比较，可以估算出冬季的数量，用下列公式表示。

冬季数量增加率（%）=（4月捕获率-上年 10 月捕获率/4 月捕获率）×100

用此公式计算的 1990—2004 年长爪沙鼠冬季数量变化趋势见表 4-4。

表 4-4　长爪沙鼠冬季数量变化趋势

冬季（11 月至下年 3 月）	上升率（%）	冬季（11 月至下年 3 月）	上升率（%）
1991—1992	100.00	1998—1999	99.45
1992—1993	19.83	1999—2000	79.17
1993—1994	67.48	2000—2001	82.93
1994—1995	70.00	2001—2002	96.14
1995—1996	-236.50	2002—2003	-107.14
1996—1997	10.33	2003—2004	0
1997—1998	-78.05		

由表 4-4 看出，在 13 个冬季中，仅有 3 个冬季数量是下降的，1 个冬季持平不增不减，9 个冬季是增加的，占 69.23%，说明这 9 个冬季中可能在 1 月份就开始繁殖了，冬季数量下降率最高的是 1995 年 11 月至 1996 年 3 月和 2002 年 11 月至 2003 年 3 月，下降率超过 100.00%。1995 年 11 月至 1996 年 3 月是由高峰期向下降期过渡，因此下降率大。2002 年 11 月至 2003 年 3 月下降率大，是由于长爪沙鼠在群落中由 60.29%下降至 2.94%。可见，冬季下降率超过 100%时，意味着翌年长爪沙鼠数量大幅度降低。如 1995 年 11 月至 1996 年 3 月捕获率下降了 236.5%，2002 年 11 月至 2003 年 3 月下降了 107.14%，所以 1996 年和 2003 年数量大减。因此，了解长爪沙鼠冬季数量变化趋势，可

以对翌年鼠的数量进行趋势预测。

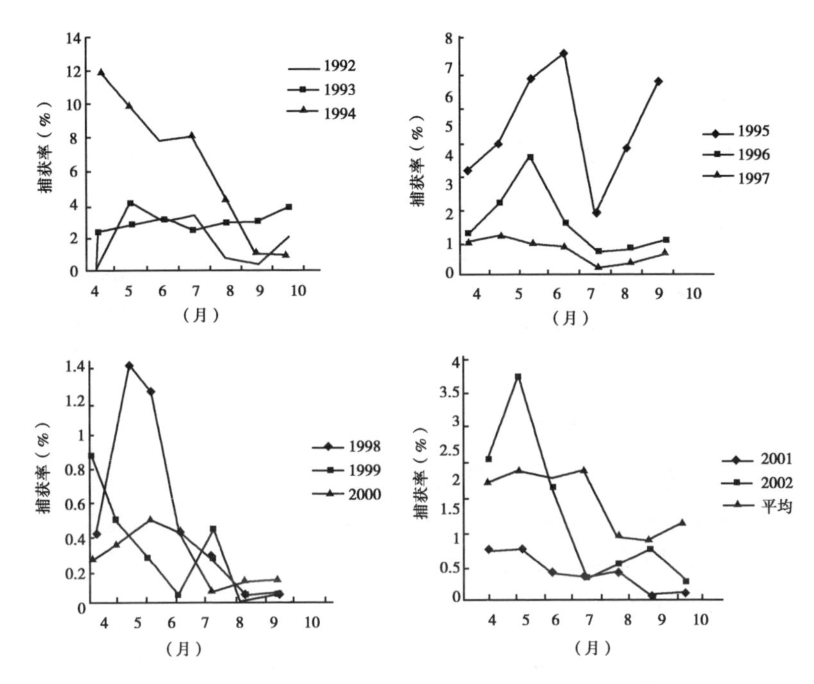

图 4-3　1984—2004 年呼和浩特地区长爪沙鼠种群数量季节变化曲线

四、长爪沙鼠数量变动不同时期的种群特征

1. 种群数量的季节波动

不同时期种群的季节变动曲线见图 4-4，低谷期的季节变化曲线呈下降型，春季最高，夏季略有下降，秋季最低；上升期的季节变动曲线属于增长型的，即春季较低，夏季略有升高，秋季又上升，10 月份捕获率是 4 月份的 1.9 倍；高峰期季节变动曲线与上升期相反，属于下降型的，春季最高，夏季略有降低，秋季最低，4 月份捕获率是 10 月的 11.3 倍；下降期属于不稳定型，夏季最高，秋季较春季略有升高，10 月捕获率与 4 月份仅差 0.18%。由此分析看出，长爪沙鼠的数量变动不同时期其季节变化曲线不同，其变化类型是由数量的多少和所处的变动时期所决定的。

2. 数量变动不同时期与种群性比、雄性繁殖强度的关系

长爪沙鼠雌雄性比用雌性占种群的百分率来表示；雄性繁殖强度用睾丸下降率表示。不同时期鼠的性比和雄性睾丸年平均下降率列于表 4-5。

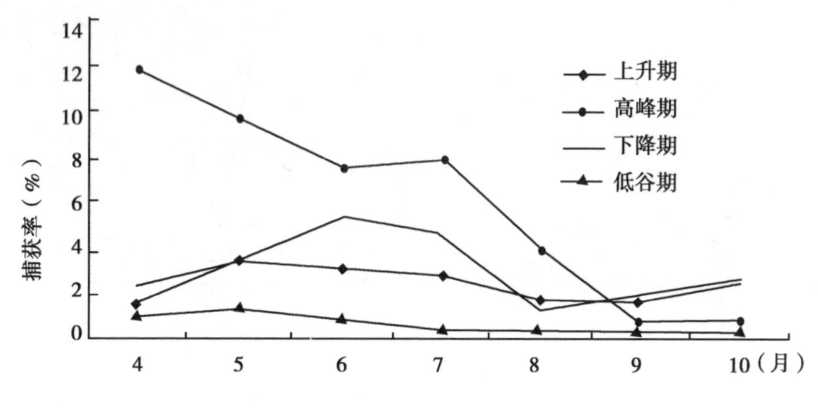

图 4-4　长爪沙鼠数量的季节变化

长爪沙鼠在数量变动不同时期的性比变化不显著，彼此接近，雌性略多于雄性，其中低谷期性比较高，为（58.29±4.04）%，下降期较低为（52.435±3.41）%，经 t 值检验，二者差异无显著性（$t=0.219<t_{0.05}=1.96$，$P>0.05$）。其余各期之间差异也不显著。

表 4-5　长爪沙鼠在数量变动不同时期的性比及睾丸下降率

数量变动期	雌鼠数（只）	雄鼠数（只）	总鼠数（只）	性比（%）	睾丸下降鼠数（只）	睾丸下降率（%）
上升期（1992—1993）	410	346	756	54.23±3.55	307	88.73±3.33
高峰期（1994）	332	275	607	54.70±3.96	216	80.05±4.72
下降期（1995—1996）	432	392	824	52.43±3.41	336	85.71±3.46
低谷期（1997—2002）	334	239	573	58.29±4.04	221	66.97±5.07
平均值（1992—2002）	1 508	1 252	2 760	54.64±1.86	1 080	80.18±1.49

长爪沙鼠在数量变动不同期的睾丸下降率，上升期最高为（88.73±3.33）%，低谷期最低为（66.97±5.07）%，二者之间经 t 值检验，差异有非常显著性（$t=6.654>t_{0.01}=2.576$，$P<0.01$）。其余各期依次为下降期和高峰期，它们之间差异无显著性，低谷期与这两期差异也有非常显著性（t 值分别为 5.987、3.893。$P<0.01$）。

3. 数量变动不同期与怀孕率、具有胎盘斑率、雌性繁殖率和 2 次产仔率的关系

雌性参加繁殖率是指怀孕鼠数和具有胎盘斑鼠数之和在雌雄中占有的百分

率，同时具有两类胎盘斑的鼠和怀孕又具有胎盘斑的鼠仅计算 1 次，即前者计入具有胎盘斑鼠，后者仅计入怀孕鼠中。不同期的怀孕率、具有胎盘斑率、雌性繁殖率和 2 次产仔率见表 4-6。

从表 4-6 看出，上升期的鼠怀孕率、参加繁殖率、2 次产仔率最高，其次是低谷期、下降期，最后是高峰期。

从表 4-7 的 t 值检验可以看出，上升期的鼠怀孕率、2 次产仔率最高，除怀孕率与低谷期的差异无显著性外，与其他各期差异均有非常显著性，2 次产仔率与其他各期差异也有非常显著性。怀孕率、2 次产仔率高则下年度鼠密度升高，即高峰期到来。高峰期的怀孕率和 2 次产仔率均为最低，与其他各期差异有显著性或非常显著性，意味着下一年度鼠密度将下降。

表 4-6　长爪沙鼠在数量变动不同期的怀孕率、具有胎盘斑率、参加繁殖率和 2 次产仔率

数量变动期	雌鼠数（只）	孕鼠数（只）	怀孕率（%）	具胎盘斑鼠数（只）	具胎盘斑率（%）	参加繁殖率（%）	二次产仔鼠数（只）	二次产仔率（%）
上升期	410	126	30. 73	192	46. 83	77. 56	73	17. 80
高峰期	332	58	17. 47	106	31. 93	49. 40	10	3. 01
下降期	432	84	19. 44	228	52. 78	72. 22	37	8. 56
低谷期	334	84	25. 15	164	49. 10	74. 25	29	8. 68
平均值	1 508	352	23. 34	290	45. 75	69. 10	148	9. 81

表 4-7　长爪沙鼠在数量变动不同期怀孕率、2 次产仔率的 t 值比较

数量变动期	上升期		高峰期		下降期		低谷期	
	怀孕率	二次产仔率	怀孕率	二次产仔率	怀孕率	二次产仔率	怀孕率	二次产仔率
高峰期	4. 191 6	6. 326 1						
下降期	3. 809 8	3. 913 0	2. 201 1	3. 171 4				
低谷期	1. 809 7	3. 778 7	2. 423 0	3. 115 3	1. 897 0	0. 058 8		
平均值	3. 070 5	4. 505 8	2. 668 2	3. 930 3	1. 848 3	0. 806 5	0. 808 0	0. 649 4

4. 数量变动不同期与繁殖指数的关系

繁殖指数是指整个繁殖过程中在一定时间内每 1 只鼠可能增加的数量，繁殖指数 $I=NE/P$，P 为全部捕获鼠数，N 为孕鼠数，E 为平均胎仔数，将不同时期长爪沙鼠的繁殖指数列于表 4-8。

表 4-8　长爪沙鼠在数量变动不同时期的繁殖指数

数量变动期	捕鼠数 P（只）	孕鼠数 N（只）	平均胎仔数 E	繁殖指数 I
上升期	765	726	5. 87±1. 20	0. 966 8
高峰期	607	58	6. 53±1. 07	0. 624 0
下降期	824	84	5. 85±1. 11	0. 596 4
低谷期	573	84	5. 96±1. 15	0. 873 7
平均值	2 760	352	5. 99±1. 16	0. 763 9

由表 4-8 看出，在数量变动不同期平均胎仔数的变化不大，彼此接近。高峰期平均胎仔数最多，为（6. 53±1. 07）个，下降期最低为（5. 85±1. 11）个，经 t 值检验，差异有非常显著性（$t=3.666>t_{0.01}=2.567$，$P<0.01$）。与上升期、低谷期差异也有非常显著性（t=3. 751 和 3. 027，$P<0.01$）。尽管在高峰期平均胎仔数最高，但由于孕鼠较少，鼠数量最高，故其繁殖指数较上升期、低谷期均小。繁殖指数小，意味着下一年度的繁殖力要降低，种群密度即下降。上升期繁殖指数最大，其次是低谷期和高峰期，下降期最小。上升期的繁殖指数与其他各期差异均有非常显著性，上升期繁殖指数大，第 2 年繁殖力强，由于鼠的基础密度较高，故第 2 年鼠密度会更高。

五、影响长爪沙鼠种群数量变动的因素

关于鼠类种群数量变动和变动机理的研究，从 20 世纪 20 年代开始至今已有 80 多年的历史，并形成多种学说（张知彬，1996）。影响鼠类数量变化的因素归纳起来分为外因和内因，内因是起主导作用的，外因是通过内因起作用的。例如，在北方，气候条件对鼠类数量有很大影响，灾害性气候对鼠的数量有直接影响，如暴雨、初冬降雪过早，乍寒乍暖等。在正常气候条件下，鼠类通过自我调节来适应气候的变化，不会对数量显示出直接影响。因此，在正常年份对于影响鼠类数量的因素分析时，不应把气候条件作为主要因素，而应把重点放在鼠类种群内部因素，即鼠类自我调节上去考虑。如种群密度的反馈作用、性比变化、睾丸下降率、怀孕率、胎仔数、2 次怀孕率、繁殖指数和繁殖期等，这些参数都是影响种群数量变化的内部因素，在同一时间内这些内部因素也有主次之分，同时这些内部因素也在变化着。影响种群数量的外部因素，如鼠类群落结构和种间斗争、食物、灾害性气候、鼠类的天敌和鼠传疾病等。

1. 鼠类群落结构和种间斗争的影响

鼠类群落结构中各种鼠组成的多少，是在不断地变化着，不是一成不变

的。在呼和浩特地区连续调查的30年，发现该地区有两个优势鼠种，即长爪沙鼠和黑线仓鼠，它们在群里中可以同时存在，但从没有数量接近或相同的时候，总是一种鼠占优势，另一种必然下降。例如1984—1989年黑线仓鼠占绝对优势时（即占50%以上甚至90%时），连续几年都捕不到1只长爪沙鼠；而1991—1996年长爪沙鼠占了优势时，则黑线仓鼠数量又很少，这6年中黑线仓鼠捕获率从未超过2.0%。可见，这两个优势种的种间斗争互相影响着对方数量的变化，它们历年年均数量之间经相关性分析，$r=|-0.589|>r_{0.05}=0.49$，呈显著性负相关。

连续30年的调查发现，当一种鼠占了绝对优势时，它是影响其余各种鼠数量的最重要因素，其他各项内因，诸如怀孕率、胎仔数等都将为次要因素了，甚至使固有的数量自我反馈调节能力都发生了改变。如1984—1988年黑线仓鼠占绝对优势时，就没有长爪沙鼠。2003—2013年黑线仓鼠占绝对优势时，几乎捕不到长爪沙鼠（2003年全年仅捕到8只，2004年仅捕到2只）。1994—1995年长爪沙鼠占绝对优势时，黑线仓鼠是30年中捕获率最低的两年。在正常年份即长爪沙鼠未达到优势时，黑线仓鼠密度也低时，其通过自我调节使雌性比、怀孕率、睾丸下降率、繁殖指数等都明显升高，繁殖期也会延长。可是1994—1995年黑线仓鼠数量最低，则并没有表现出这种固有的自我调节能力，而且怀孕率降低仅为12.86%和11.76%，比该鼠最高密度时（1984年）的怀孕率20.62%还低；繁殖指数也是30年中最低的分别为0.386 4和0.289 9，仍比1984年的0.444 9还低。繁殖期大大缩短，1994—1995年，均是8月就没有怀孕鼠了，比高峰期的1984年还提前一个月结束繁殖。通过上述分析看出，优势种通过种间斗争，可以影响群落中其他鼠种的数量，可以说是首要因素。这种现象在内蒙古典型草原上也曾出现过，如1987—1988年内蒙古正镶白旗布氏田鼠在群落中占到95.00%以上时，原来的优势种达乌尔黄鼠数量稀少甚至没有了（董维惠等，1994）。

2. 种群密度对其数量的反馈作用

有关这方面的研究已在小家鼠（*Mus musculus*）（朱盛侃等，1981）、长爪沙鼠（夏武平等，1982）、布氏田鼠（周庆强和钟文勤，1992）、黑线仓鼠（张洁，1986；董维惠等，1993）等都有报道。

呼和浩特地区长爪沙鼠种群数量也受自身密度的调节，如当月的捕获率与下月的捕获率之间呈非常显著相关，$r=0.8254>r_{0.05}=0.590$，当月捕获率与隔月的捕获率也呈显著相关$r=0.6405>r_{0.05}=0.514$（侯希贤等，1996）。当年10月的捕获率分别与翌年4月和5月的捕获率之间经相关性分析，均呈显著性相关，相关系数 r 分别为 0.626 和 0.638，均大于 $r_{0.05}=0.576$（df=10）。显然，自身密度的反馈作用调节着长爪沙鼠种群的数量。

3. 繁殖参数对种群数量的影响

（1）怀孕率。年均怀孕率和年均捕获率之间作相关分析，它们呈显著负相关，$r=|-0.664|>r_{0.05}=0.602$。可见，怀孕率是影响种群数量的重要因素之一。

（2）胎仔数和胎盘斑数对种群数量的影响。当年平均胎仔数与年平均捕获率之间作相关分析，$r=0.371<r_{0.05}=0.602$，相关不显著。可是当年平均胎仔数与下年平均捕获率之间呈非常显著负相关，$r=|-0.739|>r_{0.01}=0.735$。可见，用当年平均胎仔数可以预测翌年的平均捕获率。

胎盘斑数的变化对长爪沙鼠数量同样有影响，当年平均胎盘斑数与当年平均捕获率之间 $r=0.548<r_{0.05}=0.602$，相关不显著。可是上年平均胎盘斑数与当年年均捕获率之间呈非常显著负相关，$r=|-0.831|>r_{0.01}=0.735$。用当年平均胎盘斑数可以预测下年平均捕获率，所以平均胎仔数和胎盘斑数是影响种群数量的重要因素之一。

（3）繁殖指数对种群数量的影响。当年繁殖指数与年均捕获率之间呈显著负相关，$r=|-0.587|>r_{0.05}=0.576$。同时还发现 9 月的繁殖指数与翌年 4 月的捕获率呈非常显著相关，$r=0.967>r_{0.05}=0.959$，用 9 月的繁殖指数预测翌年 4 月的捕获率，在实践中具有重要的意义。

通过以上分析，看出长爪沙鼠数量的变化虽然受多种因素的影响，除了群落中优势种的影响外，自我调节是影响种群数量变化的最重要的因素。

第三节　五趾跳鼠种群数量变动特征

一、五趾跳鼠种群数量的年间变化

五趾跳鼠种群数量年间变动比较稳定，表现为年度之间稍有差异，只有 1985 年年平均捕获率比较低为（0.32±0.10）%，其他各年年平均捕获率变化都不很大，1986 年为（0.86±0.13）%，1987 年（1.18±0.15）%，1988 年（1.04±0.13）%，1989 年（0.93±0.11）%，1990 年（0.97±0.13）%。

二、五趾跳鼠种群数量的季节消长

1985 年、1987 年和 1988 年为单峰型，1986 年、1989 年和 1990 年为双峰

型。除1985年数量最高峰在7月外，其余各年均在5月［该月的捕获率1986年（1.29±0.45）%，1987年（1.94±0.40）%，1988年（2.23±0.53）%，1989年（1.44±0.42）%，1990年（1.60±0.42）%］。6月略有下降，7月再次升高，呈双峰型。7月密度增高是由于当年出生的幼鼠到地面活动，8月以后开始下降一直到10月冬眠之前密度逐渐降低。可以看出，该鼠种群数量季节变化特点是：春季（4—5月）最高，夏季（6—8月）略低于春季，秋季（9—10月）最低，冬季冬眠。

第五章　主要害鼠种群的预测预报研究

第一节　害鼠种群预测预报的重要性

一、害鼠种群预测预报研究进展

草原农田中鼠类种群数量变化，直接关系到它们对草原和农田的危害程度，能否预测害鼠种群数量的变动，在农牧业生产中具有十分重要的意义。

对害鼠种群数量进行预测是草原农田鼠害可持续控制的重要内容，也是自然灾害预测工程一项重要工作。世界各国及我国政府对该项工作十分重视，作为“21 世纪工程”和可持续发展不可缺少的项目，如地震和台风等自然灾害的预测预报一样。如果能对草原农田鼠害作出预测，在灾害降临之前就采取有效措施，减轻或防止它发生，或采取保护性措施减少损失，变被灭鼠为主动预防，克服防治工作的盲目性和被动性，不仅可以节省大量的防治经费，适时地采取防治措施能够起到事半功倍的效果，同时减少了灭鼠药物对草原农田环境的污染。

目前国内有关草原农田害鼠种群数量预测使用的方法主要是线性回归方程或逐步回归方程和时间序列分析法。国内学者对多种鼠的数量开展了预测预报研究，建立了预测公式，如黑线仓鼠（刑林，1991；董维惠等，1993；姜运良等，1994；王利民等，1998；武文华等，2007），小家鼠（严志堂等，1984；李典漠等，1991；朱盛侃等，1993），黑线姬鼠（汪笃栋等，1991；王勇等，1996），黑线毛足鼠（董维惠等，1999），布氏田鼠（周延林等，1991），长爪沙鼠（李仲来等，1993；侯希贤等，1996），黄毛鼠（洪朝长等，1989），板齿鼠（何森等，1996），五趾跳鼠（董维惠等，2005），三趾跳鼠（董维惠等，2008），小毛足鼠（侯希贤等，2000），子午沙鼠（侯希贤等，2000）。目前，要做到对害鼠的精准预测还有一定难度，需要进一步的深入研究。

二、害鼠持续控制技术

黑线仓鼠、长爪沙鼠和五趾跳鼠数量增多时，常可对农田、栽培牧草和天然草地造成危害，长期以来人们总是在鼠害严重时引起重视，利用化学杀鼠剂进行防治，待鼠害不严重时便无人问津。鼠害再次袭来时又开始重视，形成鼠害牵着人们走，不能主动防治。中国农业科学院草原研究所鼠害研究室（组）经过多年的研究，对农田草原鼠害防治建立一整套持续控制技术。主要包括对优势鼠种进行长期定点监测，研究它们的生物学特性和生态特点，建立长期监测站（点）；研究掌握主要害鼠数量变动规律，建立预测方程或公式，开展预测预报，定期发布鼠害报告；在优势种数量上升初期，用抗凝血杀鼠或 C 型或 D 型肉毒素进行防治；将鼠害控制后，在害鼠数量低谷期结合农牧业生产实行以生态防治为主的综合防治；注意维护草原生态平衡，保护鼠类天敌，把草原农田鼠害长期控制在不危害的程度，实现鼠害的持续控制。

中国农业科学院草原研究所鼠害研究室（组）在内蒙古不同类型草场和栽培牧草地建立长期监测站（点），共建立了以下几个监测站（点）。

（1）中国农业科学院草原研究所呼和浩特郊区试验站（1984—2016 年），重点研究当地优势种黑线仓鼠和长爪沙鼠及常见种五趾跳鼠的生物学特性和生态特征。

（2）内蒙古锡林郭勒盟正镶白旗典型草原监测点（1987—1998 年），重点研究布氏田鼠、达乌尔黄鼠和黑线毛足鼠。

（3）鄂尔多斯沙地草场牧草改良试验站（1991—1998 年），重点研究小毛足鼠、子午沙鼠、三趾跳鼠和黑线仓鼠。

（4）锡林浩特和东乌珠穆沁旗典型草原监测点（2005—2016 年），重点研究布氏田鼠、长爪沙鼠、达乌尔黄鼠和黑线毛足鼠。

（5）鄂尔多斯准格尔旗十二连城沙地草场试验站（2008—2016 年），重点研究子午沙鼠、长爪沙鼠、三趾跳鼠和长尾仓鼠。

第二节　黑线仓鼠种群数量的预测

一、用捕获率作指标建立的预测公式

1. 用当月捕获率预测下月捕获率

$y=0.2922+0.9634x$　$r=0.901>r_{0.01}=0.487$　$df=23$

2. 用当月捕获率预测隔月捕获率

$Y=0.1208+1.132x \quad r=0.903>r_{0.01}=0.487 \quad df=25$

1984—2004 年实测值与预测值见表 5-1。表 5-1 中用当月捕获率预测下月捕获率的准确率为 93.75%，与长爪沙鼠当月捕获率预测下月捕获率的准确率为 94.44%之间 $t=0.15<t_{0.05}=2.0$，无显著差异。预测隔月的准确率为 77.50%，与用同种方法预测长爪沙鼠数量的准确率为 36.67%之间，差异非常显著（$t=3.45>r_{0.05}=2.66$）。可以看出，对黑线仓鼠短期预测率比较准，可用于指导防治鼠害。

表 5-1　黑线仓鼠种群数量 1984—2004 年预测值与实测值比较

年份	月份	实测值（%）	预测值	
			下月捕获率（%）	隔月捕获率（%）
1984	6	5.35±1.28	—	—
	7	5.99±1.46	5.29±1.37	—
	8	6.84±1.11	5.45±1.29	6.18±1.51
	9	7.54±1.61	6.02±1.46	6.90±1.14
	10	9.83±1.35	7.56±1.19	7.74±1.67
1985	4	1.75±0.64	—	—
	5	2.83±0.94	1.98±0.79	—
	6	3.98±0.86	3.02±0.97	2.10±0.81
	7	4.80±0.94	3.83±1.09	3.20±0.10
	8	4.92±0.95	4.92±0.86	4.51±1.17
	9	5.79±1.02	4.74±0.86	5.43±0.99
	10	3.63±0.75	5.58±0.92	5.57±0.79
1986	4	1.11±0.48	—	—
	5	1.83±0.54	1.07±0.41	—
	6	2.14±0.63	2.06±0.53	1.26±0.41
	7	1.92±0.60	2.35±0.59	2.07±0.56
	8	2.33±0.66	2.14±0.59	2.42±0.61
	9	3.00±0.75	2.54±0.69	2.29±0.60
	10	2.77±0.69	3.18±0.73	2.64±0.70

（续表）

年份	月份	实测值（%）	预测值	
			下月捕获率（%）	隔月捕获率（%）
1987	4	0. 35±0. 26	—	—
	5	1. 16±0. 38	0. 63±0. 34	—
	6	1. 33±0. 50	1. 41±0. 52	0. 52±0. 32
	7	1. 50±0. 53	1. 57±0. 46	1. 43±0. 44
	8	1. 81±0. 58	1. 74±0. 47	1. 63±0. 46
	9	0. 75±0. 38	2. 04±0. 49	1. 82±0. 46
	10	2. 05±0. 62	1. 01±0. 37	2. 17±0. 50
1988	4	1. 16±0. 38	—	—
	5	1. 80±0. 58	1. 41±0. 52	—
	6	1. 38±0. 51	2. 03±0. 53	1. 31±0. 31
	7	2. 00±0. 61	1. 62±0. 46	2. 16±0. 64
	8	1. 37±0. 51	2. 22±0. 56	1. 56±0. 45
	9	0. 69±0. 38	1. 61±0. 46	2. 38±0. 55
	10	1. 12±0. 48	0. 96±0. 35	1. 67±0. 48
1989	4	0. 66±0. 29	—	—
	5	1. 36±0. 45	0. 93±0. 35	—
	6	0. 85±0. 40	1. 60±0. 49	0. 87±0. 40
	7	1. 46±0. 53	1. 11±0. 40	1. 66±0. 50
	8	1. 50±0. 53	1. 70±0. 52	1. 08±0. 40
	9	0. 92±0. 42	1. 74±0. 52	1. 77±0. 52
	10	1. 04±0. 41	1. 18±0. 42	1. 82±0. 54
1990	5	0. 84±0. 52	—	—
	7	0. 83±0. 52	1. 10±0. 56	—
	9	0. 33±0. 32	1. 10±0. 56	1. 06±0. 58
	10	—	0. 61±0. 42	—

（续表）

年份	月份	实测值（%）	预测值	
			下月捕获率（%）	隔月捕获率（%）
1991	4	2. 25±0. 84	—	—
	5	0. 92±0. 54	2. 46±0. 88	—
	6	2. 25±0. 84	1. 18±0. 61	2. 67±0. 91
	7	1. 50±0. 69	2. 46±0. 88	1. 16±0. 91
	8	1. 25±0. 63	1. 74±0. 74	2. 67±0. 91
	9	1. 17±0. 61	1. 15±0. 69	1. 70±0. 73
	10	—	1. 42±0. 67	2. 09±0. 81
1992	4	0. 76±0. 27	—	—
	5	1. 19±0. 27	1. 03±0. 31	—
	6	1. 84±0. 40	1. 44±0. 34	0. 98±0. 43
	7	1. 20±0. 38	2. 06±0. 42	1. 47±0. 43
	8	1. 00±0. 38	1. 45±0. 43	2. 20±0. 55
	9	0. 42±0. 20	1. 26±0. 42	1. 48±0. 39
	10	1. 31±0. 38	0. 70±0. 7	1. 25±0. 35
1993	4	0. 73±0. 38	—	—
	5	1. 82±0. 56	1. 00±0. 42	—
	6	2. 25±0. 62	2. 05±0. 59	0. 95±0. 40
	7	1. 27±0. 47	2. 46±0. 65	2. 18±0. 16
	8	0. 70±0. 36	1. 52±0. 51	2. 67±0. 62
	9	0. 45±0. 28	0. 96±0. 41	1. 56±0. 52
	10	1. 32±0. 48	0. 73±0. 36	0. 91±0. 40
1994	4	0. 78±0. 37	—	—
	5	0. 66±0. 33	1. 04±0. 42	—
	6	1. 23±0. 46	0. 93±0. 40	1. 00±0. 42
	7	1. 36±0. 43	1. 18±0. 45	0. 87±0. 39
	8	0. 40±0. 49	1. 43±0. 50	1. 51±0. 51
	9	0. 50±0. 29	1. 64±0. 53	1. 66±0. 53
	10	0. 36±0. 25	0. 77±0. 37	1. 71±0. 54

（续表）

年份	月份	实测值（%）	预测值	
			下月捕获率（%）	隔月捕获率（%）
1995	4	0. 32±0. 24	—	—
	5	0. 14±0. 26	0. 60±0. 32	—
	6	0. 41±0. 27	0. 43±0. 27	0. 48±0. 29
	7	0. 36±0. 25	0. 69±0. 35	0. 28±0. 22
	8	0. 32±0. 24	0. 64±0. 33	0. 58±0. 32
	9	0. 53±0. 30	0. 60±0. 32	0. 52±0. 25
	10	0. 45±0. 28	0. 80±0. 37	0. 54±0. 31
1996	4	0. 57±0. 27	—	—
	5	0. 78±0. 30	0. 84±0. 32	—
	6	0. 80±0. 30	1. 04±0. 35	0. 77±0. 30
	7	0. 66±0. 27	1. 06±0. 35	1. 00±0. 30
	8	0. 84±0. 31	0. 93±0. 33	1. 03±0. 35
	9	1. 11±0. 33	1. 10±0. 36	0. 87±0. 32
	10	1. 21±0. 40	1. 36±0. 40	1. 07±0. 36
1997	4	1. 25±0. 44	—	—
	5	1. 68±0. 52	1. 50±0. 51	—
	6	1. 86±0. 56	1. 91±0. 57	1. 54±0. 51
	7	1. 91±0. 56	2. 08±0. 60	2. 02±0. 59
	8	2. 00±0. 54	2. 13±0. 60	2. 23±0. 62
	9	2. 86±0. 70	2. 75±0. 68	2. 28±0. 62
	10	2. 59±0. 66	3. 05±0. 72	2. 38±0. 64
1998	4	1. 55±0. 52	—	—
	5	1. 27±0. 47	1. 79±0. 55	—
	6	1. 14±0. 44	1. 52±0. 51	1. 88±0. 56
	7	0. 88±0. 37	1. 39±0. 49	1. 56±0. 52
	8	1. 12±0. 44	1. 14±0. 44	1. 41±0. 49
	9	2. 77±0. 69	1. 37±0. 49	1. 12±0. 44
	10	2. 95±0. 71	2. 96±0. 71	1. 369±0. 49

（续表）

年份	月份	实测值（%）	预测值	
			下月捕获率（%）	隔月捕获率（%）
1999	4	2. 05±0. 59	—	—
	5	2. 14±0. 60	2. 27±0. 62	—
	6	1. 69±0. 56	2. 35±0. 63	2. 44±0. 64
	7	0. 55±0. 52	2. 21±0. 61	2. 54±0. 66
	8	1. 22±0. 56	1. 79±0. 55	2. 23±0. 62
	9	1. 64±0. 53	2. 05±0. 59	1. 88±0. 56
	10	1. 18±0. 45	1. 87±0. 56	2. 18±0. 61
2000	4	1. 40±0. 46	—	—
	5	1. 82±0. 59	1. 64±0. 53	—
	6	2. 50±0. 65	2. 05±0. 59	1. 71±0. 68
	7	2. 82±0. 69	2. 70±0. 68	2. 18±0. 61
	8	2. 55±0. 66	3. 01±0. 71	2. 95±0. 71
	9	2. 00±0. 59	2. 75±0. 68	3. 31±0. 75
	10	2. 45±0. 65	2. 22±0. 62	3. 00±0. 71
2001	4	1. 86±0. 56	—	—
	5	2. 52±0. 67	2. 08±0. 60	—
	6	3. 64±0. 78	2. 72±0. 68	2. 23±0. 62
	7	2. 59±0. 66	3. 80±0. 80	2. 97±0. 71
	8	2. 42±0. 65	2. 79±0. 69	4. 24±0. 84
	9	1. 50±0. 51	2. 62±0. 67	3. 05±0. 72
	10	1. 55±0. 52	1. 74±0. 55	2. 86±0. 70
2002	4	1. 05±0. 44	—	—
	5	1. 86±0. 58	1. 30±0. 45	—
	6	1. 29±0. 48	2. 08±0. 59	1. 31±0. 49
	7	0. 67±0. 35	1. 53±0. 52	2. 23±0. 63
	8	0. 29±0. 23	0. 94±0. 40	1. 58±0. 53
	9	0. 43±0. 28	0. 57±0. 39	0. 88±0. 37
	10	0. 52±0. 37	0. 71±0. 36	0. 45±0. 28

（续表）

年份	月份	实测值（%）	预测值	
			下月捕获率（%）	隔月捕获率（%）
2003	4	1.29±0.48	—	—
	5	1.55±0.54	1.53±0.52	—
	6	2.62±0.68	1.79±0.57	1.58±0.55
	7	1.76±0.56	2.82±0.69	1.88±0.57
	8	1.11±0.45	1.99±0.59	3.09±0.72
	9	2.48±0.67	1.36±0.49	2.11±0.60
	10	0.95±0.41	2.68±0.68	1.38±0.49
2004	4	1.81±0.65	—	—
	5	1.94±0.68	2.03±0.60	—
	6	2.00±0.69	2.17±0.61	2.17±0.61
	7	3.19±0.86	2.22±0.62	2.32±0.63
	8	1.00±0.49	3.37±0.75	2.47±0.65
	9	0.81±0.44	1.26±0.46	3.73±0.79
	10	1.13±0.52	1.07±0.43	1.25±0.60

3. 用 9 月捕获率预测翌年 4 月捕获率

能够用 9 月的捕获率预测翌年春季的捕获率在实践中极为重要，因为防治鼠害最适宜的季节是春季。通常北方的鼠类，经过一个严冬后大量死亡，这时鼠的数量是 1 年中最少的时期，凡能活下来的在春季均参加繁殖，在繁殖之前进行防治，可起到事半功倍的作用。因此，秋季预测出翌年春季的数量是最有价值的，其公式如下：

$$y=0.8657+0.1291x \quad r=0.460>r_{0.05}=0.456 \quad df=17$$

1985—2004 年预测值与实测值比较见表 5-2，9 月捕获率预测翌年 4 月的捕获率与实测值比较，二者没有差别，预测准确率为 100%。

表 5-2　呼和浩特地区黑线仓鼠数量中期预测值与实测值比较

年份	月份	实测值（%） y+95%可信限	预测值（%） y+95%可信限
1985	4	1.49±0.53	1.75±0.57
1986	4	1.42±0.52	1.11±0.46

（续表）

年份	月份	实测值（%） y+95%可信限	预测值（%） y+95%可信限
1987	4	0. 39±0. 27	0. 35±0. 25
1988	4	1. 20±0. 48	1. 16±0. 47
1989	4	0. 59±0. 34	0. 66±0. 35
1990	4	1. 29±0. 64	0. 84±0. 52
1991	4	1. 15±0. 69	0. 25±0. 84
1992	4	0. 76±0. 27	0. 40±0. 26
1993	4	0. 73±0. 38	0. 40±0. 26
1994	4	0. 78±0. 37	0. 88±0. 39
1995	4	0. 32±0. 24	1. 50±0. 51
1996	4	0. 57±0. 27	1. 50±0. 51
1997	4	1. 25±0. 44	1. 50±0. 49
1998	4	1. 55±0. 52	1. 23±0. 46
1999	4	2. 05±0. 59	1. 22±0. 46
2000	4	1. 40±0. 46	1. 08±0. 43
2001	4	1. 86±0. 56	1. 12±0. 42
2002	4	1. 05±0. 44	1. 06±0. 44
2003	4	1. 29±0. 48	0. 92±0. 40
2004	4	1. 81±0. 65	1. 19±0. 45

二、用繁殖指数作预测指标建立的预测公式

用 4 月繁殖指数分别预测翌年 8 月、9 月和 10 月的捕获率，其预测公式如下：

8 月　$y=1.1786+0.5545x$　$r=0.955>r_{0.01}=0.917$　$df=4$

9 月　$y=1.4210x-0.1307$　$r=0.969>r_{0.01}=0.917$　$df=4$

10 月　$y=0.5248+1.1789x$　$r=0.865>r_{0.05}=0.811$　$df=4$

1986—2004 年预测结果与实测值比较见表 5-3。

表 5-3　呼和浩特地区黑线仓鼠数量长期预测值与实测值比较

年份	月份	实测值（%） y+95%可信限	预测值（%） y+95%可信限
1986	8	2. 39±0. 61	2. 33±0. 60
	9	2. 98±0. 75	3. 00±0. 75
	10	3. 11±0. 73	2. 77±0. 69
1987	8	0. 63±0. 44	1. 81±0. 46
	9	1. 03±0. 37	0. 75±0. 32
	10	1. 49±0. 53	2. 05±0. 62
1988	8	1. 35±0. 44	1. 37±0. 44
	9	0. 31±0. 20	1. 12±0. 38
	10	0. 89±0. 36	0. 90±0. 36
1989	8	0. 63±0. 51	1. 50±0. 47
	9	1. 03±0. 40	0. 92±0. 38
	10	1. 49±0. 48	1. 04±0. 41
1990	8	2. 03±0. 80	—
	9	2. 04±0. 80	0. 33±0. 32
	10	2. 30±0. 85	—
1991	8	1. 25±0. 26	1. 27±0. 63
	9	1. 17±0. 61	1. 02±0. 58
	10	—	—
1992	8	1. 00±0. 38	1. 57±0. 70
	9	0. 42±0. 21	0. 86±0. 52
	10	1. 31±0. 38	2. 21±0. 83
1993	8	0. 70±0. 36	1. 90±0. 51
	9	0. 45±0. 28	1. 72±0. 42
	10	1. 32±0. 48	2. 06±0. 45
1994	8	1. 40±0. 49	1. 62±0. 53
	9	0. 50±0. 29	1. 01±0. 42
	10	0. 36±0. 25	1. 47±0. 50

（续表）

年份	月份	实测值（%） y+95%可信限	预测值（%） y+95%可信限
1995	8	0. 32±0. 24	2. 03±0. 09
	9	0. 53±0. 30	2. 03±0. 59
	10	0. 45±0. 28	2. 32±0. 63
1996	8	0. 84±0. 31	1. 18±0. 45
	9	1. 11±0. 33	0. 13±0. 15
	10	1. 21±0. 40	0. 52±0. 32
1997	8	2. 00±0. 54	1. 90±0. 57
	9	2. 86±0. 70	1. 71±0. 54
	10	2. 59±0. 66	2. 05±0. 59
1998	8	1. 12±0. 44	1. 95±0. 58
	9	2. 77±0. 69	1. 86±0. 56
	10	2. 95±0. 71	2. 18±0. 61
1999	8	1. 82±0. 56	1. 62±0. 53
	9	1. 64±0. 53	1. 00±0. 42
	10	1. 18±0. 45	1. 46±0. 50
2000	8	2. 55±0. 66	1. 63±0. 53
	9	2. 00±0. 59	1. 07±4. 42
	10	2. 45±0. 65	1. 49±0. 51
2001	8	2. 42±0. 65	1. 54±0. 52
	9	1. 50±0. 51	0. 80±0. 37
	10	1. 55±0. 52	1. 30±0. 47
2002	8	0. 29±0. 23	2. 15±0. 61
	9	0. 43±0. 28	2. 36±0. 63
	10	0. 52±0. 31	2. 60±0. 66
2003	8	1. 11±0. 45	1. 66±0. 53
	9	2. 48±0. 67	1. 10±0. 44
	10	0. 95±0. 41	1. 56±0. 52

（续表）

年份	月份	实测值（%） y+95%可信限	预测值（%） y+95%可信限
2004	8	1.00±0.49	1.49±0.51
	9	0.81±0.44	0.66±0.34
	10	1.13±0.52	1.18±0.53

将黑线仓鼠的数量变化和危害程度以捕获率为指标划分为四个等级。

即Ⅰ级0%～5.0%，无危害；Ⅱ级5.1%～10.0%，轻度危害；Ⅲ级10.1%～15.0%，中度危害；Ⅳ级15.1%以上，严重危害。从表5-1～表5-3看出，按照以上危害等级进行预测，预测值与实测值完全吻合，预测准确率达100%；按照数值进行预测，1991—1996年该鼠短、中、长期预测的总体准确率为80.05%。

4月繁殖指数预测翌年8月和10月的捕获率其准确率均为88.89%，而预测9月捕获率的准确率为75%，预测比较准确，利用本方法能在4月就可预测出第二年夏季和秋季的数量，为是否开展防治提供了依据。

自1991—2008年共发布,《鼠情报告》49期，每年秋季对翌年春季作出预测，预测值与实测值比较，准确率可达80%以上，有些时段准确率能达100%，完全经得起实践的检验。所有的《鼠情报告》及时向农业部畜牧局草原处、科技处、全国畜牧兽医总站、全国农业科技推广服务中心、中国农业科学院科技局以及内蒙古自治区草原工作站、植保站等有关部门和单位呈报，为领导决策和指导生产单位防治鼠害发挥了一定作用。

第三节　长爪沙鼠种群数量的预测

一、用捕获率作为预测指标建立预测公式

1. 用当月捕获率预测下月的捕获率

预测公式为：

$$y=0.9457+0.6507x \quad r=0.825>r_{0.01}=0.590 \quad df=16$$

当长爪沙鼠数量处在低谷期，数量少时可用下面的公式预测

$$y=0.1671+0.4479x \quad r=0.446>r_{0.05}=0.433 \quad df=18$$

2. 用当月捕获率预测隔月捕获率

预测公式为：

$$y=1.2333+0.4528x \quad r=0.641>r_{0.05}=0.514 \quad df=13$$

或 $y=0.7085+0.5481x \quad r=0.503>r_{0.05}=0.444 \quad df=18$

1992—2002 年预测与实测值比较见表 5-4。从表 5-4 看出，当月捕获率预测下月捕获率的准确率为 94.44%，而当月预测隔月捕获率的准确率为 36.67%，准确率较低。

用当月捕获率预测下月捕获率在实践中不如当年秋季预测翌年春季数量意义大，用当月捕获率预测下月和隔月捕获率在理论上具有一定意义，它是影响种群数量的重要因素之一。实践中提前预测 1 个月或两个月的数量，在早春是有意义的，可以提前防治，但在夏、秋季意义不大，尤其是秋季，多数地区长爪沙鼠在秋季达到最高量时，在冬季大量死亡、下降，因此，这时能提前预测出 1~2 个月的数量其作用不大。当月预测隔月捕获率预测不太准确，准确率仅为 36.67%，但是预测下月准确率较高，作为短期预测公式还是适用的。

3. 用 10 月的捕获率分别预测翌年 4 月和 5 月的捕获率

其预测公式如下：

$$y_{4月}=0.5948+1.3064x \quad r=0.626>r_{0.05}=0.575 \quad df=10$$

$$y_{5月}=1.2940+1.3240x \quad r=0.638>r_{0.05}=0.575 \quad df=10$$

利用上面两公式分别预测出 1993—2003 年 4 月和 5 月的捕获率与实测值的比较见表 5-5。

二、用繁殖指数作预测指标建立的预测公式

用长爪沙鼠 9 月的繁殖指数预测翌年 4 月的捕获率的公式为：

$$y=1.6285+6.4035x \quad r=0.967>r_{0.01}=0.959 \quad df=3$$

用该公式预测 1993—2003 年 4 月的捕获率与实测值比较见表 5-5。由表 5-5 看出，用 10 月捕获率预测翌年 4 月捕获率的准确率为 45.45%，预测 5 月的准确率为 63.64%。用 9 月繁殖指数预测翌年 4 月捕获率的准确率为 54.55%。如果用 3 种方法同时预测春季的捕获率，与实测值不符的仅有 2 年，即 2002 年和 2003 年，预测准确率为 81.82%。

表 5-4　1992—2002 年种群密度预测值与实测值比较

年份	月份	实测值（%）	预测值	
			下月捕获率（%）	隔月捕获率（%）
1992	4	0. 29±0. 28	—	—
	5	4. 05±0. 28	1. 13±0. 44	—
	6	3. 00±0. 71	3. 58±0. 78	1. 30±0. 48
	7	3. 23±0. 74	2. 90±0. 70	3. 08±0. 72
	8	0. 68±0. 34	3. 05±0. 72	2. 59±0. 66
	9	0. 50±0. 29	1. 39±0. 49	2. 70±0. 68
	10	1. 89±0. 57	1. 27±0. 47	1. 54±0. 51
1993	4	2. 32±0. 63	—	—
	5	2. 86±0. 70	2. 46±0. 56	—
	6	3. 23±0. 74	2. 81±0. 69	2. 28±0. 62
	7	2. 41±0. 64	3. 05±0. 72	1. 53±0. 61
	8	2. 86±0. 70	2. 51±0. 65	2. 70±0. 68
	9	2. 91±0. 70	2. 81±0. 69	2. 32±0. 63
	10	3. 86±0. 80	2. 84±0. 69	2. 53±0. 66
1994	4	11. 87±1. 35	—	—
	5	9. 82±1. 24	8. 67±1. 18	—
	6	7. 59±1. 11	7. 34±1. 09	6. 61±1. 04
	7	8. 14±1. 14	5. 88±0. 98	5. 68±0. 97
	8	4. 12±0. 83	6. 24±1. 01	4. 67±0. 88
	9	0. 91±0. 40	3. 63±0. 78	4. 92±0. 90
	10	1. 05±0. 43	1. 50±0. 43	3. 10±0. 72
1995	4	3. 51±0. 77	—	—
	5	4. 47±0. 86	3. 23±0. 74	—
	6	6. 64±1. 04	3. 85±0. 80	2. 82±0. 69
	7	7. 74±1. 10	5. 27±0. 93	3. 26±0. 74
	8	2. 20±0. 59	5. 81±0. 98	4. 24±0. 84
	9	4. 19±0. 84	3. 25±0. 62	4. 62±0. 88
	10	4. 61±0. 88	3. 67±0. 79	2. 14±0. 60

（续表）

年份	月份	实测值（%）	预测值	
			下月捕获率（%）	隔月捕获率（%）
1996	4	1. 37±0. 42	—	—
	5	2. 47±0. 54	1. 84±0. 48	—
	6	4. 03±0. 70	2. 55±0. 55	1. 85±0. 48
	7	1. 74±0. 43	3. 57±0. 67	2. 35±0. 52
	8	0. 78±0. 30	2. 08±0. 49	3. 06±0. 62
	9	0. 84±0. 29	1. 45±0. 41	2. 08±0. 49
	10	1. 09±0. 38	1. 49±0. 53	1. 59±0. 43
1997	4	1. 20±0. 44	—	—
	5	1. 32±0. 48	1. 73±0. 54	—
	6	1. 14±0. 44	1. 80±0. 56	1. 62±0. 54
	7	1. 00±0. 41	1. 69±0. 54	1. 66±0. 54
	8	0. 27±0. 20	0. 62±0. 33	1. 60±0. 54
	9	0. 41±0. 28	0. 29±0. 22	1. 54±0. 51
	10	0. 73±0. 36	0. 35±0. 25	1. 27±0. 48
1998	4	0. 41±0. 27	—	—
	5	1. 45±0. 50	1. 21±0. 46	—
	6	1. 27±0. 47	1. 89±0. 57	0. 93±0. 40
	7	0. 42±0. 26	0. 22±0. 20	1. 50±0. 51
	8	0. 28±0. 21	0. 36±0. 25	1. 40±1. 49
	9	0. 05±0. 09	0. 29±0. 22	0. 94±0. 40
	10	0. 05±0. 09	0. 19±0. 18	0. 74±0. 36
1999	4	0. 91±0. 40	—	—
	5	0. 50±0. 29	0. 57±0. 31	—
	6	0. 27±0. 22	0. 39±0. 26	1. 21±0. 46
	7	0. 05±0. 09	0. 29±0. 22	0. 98±0. 41
	8	0. 45±0. 28	0. 19±0. 18	0. 86±0. 39
	9	0	0. 37±0. 26	0. 96±0. 41
	10	0. 05±0. 09	0. 16±0. 17	0. 70±0. 35

（续表）

年份	月份	实测值（%）	预测值	
			下月捕获率（%）	隔月捕获率（%）
2000	4	0. 24±0. 19	—	—
	5	0. 36±0. 25	0. 27±0. 22	—
	6	0. 50±0. 29	0. 33±0. 25	0. 84±0. 39
	7	0. 45±0. 29	0. 39±0. 26	0. 81±0. 38
	8	0. 09±0. 13	0. 37±0. 26	0. 98±0. 41
	9	0. 14±0. 16	0. 17±0. 17	0. 96±0. 41
	10	0. 14±0. 16	0. 23±0. 20	0. 76±0. 36
2001	4	0. 82±0. 38	—	—
	5	0. 81±0. 38	0. 53±0. 03	—
	6	0. 41±0. 27	0. 53±0. 30	1. 16±0. 45
	7	0. 36±0. 25	0. 35±0. 25	1. 15±0. 45
	8	0. 47±0. 29	0. 33±0. 25	0. 93±0. 40
	9	0. 50±0. 09	0. 38±0. 26	0. 91±0. 40
	10	0. 09±0. 13	0. 19±0. 18	0. 97±0. 41
2002	4	2. 33±0. 65	—	—
	5	3. 71±0. 81	2. 04±0. 59	—
	6	1. 90±0. 58	2. 55±0. 67	1. 99±0. 59
	7	0. 38±0. 26	1. 02±1. 42	2. 74±0. 68
	8	0. 57±0. 32	0. 34±0. 25	1. 76±0. 55
	9	0. 86±0. 39	0. 42±0. 27	0. 92±0. 40
	10	0. 29±0. 23	0. 55±0. 30	1. 02±0. 42

表 5-5　长爪沙鼠 10 月捕获率预测翌年 4 月和 5 月的捕获率 9 月繁殖指数预测翌年 4 月捕获率与实测值比较

年份	实测值（%）		预测值（%）		
	4 月	5 月	4 月（捕获率预测值）	5 月（捕获率预测值）	4 月（繁殖指数预测值）
1993	2. 32±0. 63	2. 86±0. 70	3. 00±0. 70	3. 14±0. 73	3. 11±0. 73
1994	11. 87±1. 32	9. 82±1. 24	5. 64±0. 95	5. 40±0. 94	11. 66±1. 34

（续表）

年份	实测值（%）		预测值（%）		
	4月	5月	4月（捕获率预测值）	5月（捕获率预测值）	4月（繁殖指数预测值）
1995	3.50±0.53	4.47±0.68	0.97±0.58	2.22±0.62	1.63±0.53
1996	1.37±0.42	2.47±0.68	6.62±1.04	6.25±1.01	2.22±0.62
1997	1.20±0.44	1.32±0.48	1.99±0.58	2.24±0.62	1.63±0.53
1998	0.45±0.27	1.45±0.50	1.55±0.52	1.86±0.56	1.63±0.53
1999	0.91±0.40	0.50±0.29	0.66±0.34	1.09±0.43	1.63±0.53
2000	0.24±0.19	0.36±0.25	0.66±0.34	1.09±0.43	1.63±0.53
2001	0.82±0.38	0.81±0.38	0.78±0.37	1.19±0.45	1.63±0.53
2002	2.33±0.65	3.71±0.81	0.71±0.35	1.13±0.44	1.63±0.53
2003	0.14±0.16	0.10±0.14	0.97±0.41	1.35±0.48	7.32±1.09

其中，2002年9月对2003年春季预测误差较大，但是经过仔细分析就可排除2003年4月捕获率可能上升，因为用10月捕获率预测翌年4月的结果较低，另外，2003年距上个周期的高峰正好10年，而上个周期经历了15年，下一个周期的高峰还不会到来，可能是低谷期期间的一个小波动，实践恰恰表明，这个小波动就出现在2002年，到2003年数量又下降。还有，1995年秋季捕获率对1996年春季预测误差较大。经分析：用繁殖指数时预测值较低，在危害阈值下，另则上一个高峰期出现在1994年，距1996年仅2年，估计1996年春季数量不会上升很高，实践证明这个分析是正确的。

用秋季的数量预测第二年春季的数量，在生产实践中是很重要的，因为能提前半年就可以知道第二年春季的数量，如果预测出能形成鼠害，完全有时间为防治工作做好准备。如1993年秋季预测出1994年可能发生长爪沙鼠的危害，在1993年冬就做好防治准备工作，一开春就进行了预防性灭鼠防止鼠害蔓延，实践证明1993年秋季预测是正确的。

第四节　五趾跳鼠种群数量的预测

一、用5月繁殖指数预测翌年4月密度

根据6年的资料建立回归方程 $y=1.2264-0.7607x$，$r=|-0.8763|=$

$r_{0.05}$，df=3，x 为 5 月繁殖指数，y 表示第 2 年 4 月的密度。经过检验，1986—1990 年 4 月预测值与实测值基本相符，最大误差值为 0.14%，最小误差值为零，比较准确。

二、用当月怀孕率提前两个月预测鼠密度

研究五趾跳鼠种群密度与怀孕率的关系后，发现在繁殖期间（4—7 月），当月的怀孕率与两个月后的密度显著相关（$r=0.5762>r_{0.05}$，df=14），求得回归方程 $y=0.6866+1.0412x$，x 代表当月怀孕率，y 代表两个月后种群密度的预测值，与 1986—1989 年 6—9 月实测值比较，误差很小。最大误差值为 1.4%，最小误差为 0.04%，也比较准确。

利用以上两个预测模型比较准确地预测五趾跳鼠在非冬眠期的数量变动，为防治提供了必要的依据。通过 1986—1990 年对五趾跳鼠生态的系统研究，丰富了我国在这方面的基础资料。

第五节 应用时间序列分析法预测黑线仓鼠和长爪沙鼠种群数量

时间序列是指同一种现象在不同时间上的相继观察值排列而成的 1 组数字序列。时间序列预测方法的基本思想是：预测一个现象的未来变化时，用该现象的过去行为来预测未来。即通过时间序列的历史数据揭示现象随时间变化规律，将这种规律延伸到未来，从而对该现象的未来做出预测。近年来时间序列分析发展非常迅速，在气象、天文、水文、机械、电力、生物、经济等各个领域已有广泛的应用，显示出强大的生命力。美国经济学家和数学家罗伯特·布朗于 1959 年首先提出了指数平滑预测方法，指数平滑法是最常用的预测方法之一（肖庭延，1993）。对鼠类种群数量预测的有：冯志勇等（2000）根据黄毛鼠种群数量季节变动大而年间变动不大的时间变化特征，采用时间序列模型（三次指数平滑法）并结合季节指数法建立了黄毛鼠种群的预测模型，提出了珠江三角洲黄毛鼠发生程度的划分标准。何淼等（1996）利用时间序列方法（三次指数平滑法），并结合季节指数法，建立了板齿鼠种群数量中长期预测（6 个月至 1 年）的时间序列模型。对于组合预测方法何勇等（1997）应用组合预测方法预测了 1991 年浙江省慈溪市棉花平均亩产量，用线性模型来建立预测趋势曲线，再用马尔可夫概率矩阵预测分析状态的转移规律，确定可能转移的状态，得到预测值。目前，有关农田鼠类种群数量预测使用的方法主要为

线性回归模型或逐步回归模型，此方法普适性较差，需要测算的因子较多，同时有些因子很难通过直观观察或简单的计算而获得，有必要寻找一种简单方便而实用的预测方法，时间序列分析法只需考虑统计对象本身历史状态的演变特点即可，能充分地利用历史数据给予的信息，而现在应用时间序列分析法对鼠类种群数量进行预测的较少。我们应用确定性时间序列（三次指数平滑法和马尔可夫链模型预测法的组合法）进行分析，分别预测了长爪沙鼠和黑线仓鼠 2005 年，2006 年的种群捕获率，对应用确定性时间序列预测鼠类种群数量进行了初步的研究。

一、数学模型应用

时间序列预测方法分为 2 类：一类是确定性时间序列分析方法；另一类是随机性时间序列分析方法。确定性时间序列预测方法的基本思想是用一个确定的时间函数 $y=f(x)$ 来拟合时间序列，不同的变化采取不同的函数形式来描述，随机性时间序列分析法的基本思想是通过分析不同时刻变量的相关关系，揭示其相关结构，利用这种相关结构来对时间序列进行预测（陈峥杉，2004）。本书采用确定性时间序列进行分析：三次指数平滑法和马尔可夫链模型预测法的组合法。

在对待时间序列数据时，我们经常假设：①过去一段时间收集到的数据精确地刻画了历史；②历史会重复自己。因此可以利用过去的数据对未来进行预测。用 Y 表示某个时间序列，该序列可以分解成以下几个部分：

$$Y=f(Ţ\ Ç\ Ş\ e)$$

其中，$Ţ$ 趋势项，指现象随时间变化朝着一定方向呈现出持续稳定地上升、下降或平稳的趋势。

$Ç$ 循环项，指现象按不固定的周期呈现出波动变化。

$Ş$ 季节项，指现象受季节性影响，按一固定周期呈现出的周期波动变化。

e 随机项，指现象受偶然因素的影响而呈现出的不规则的波动。

一个时间序列可能包含上面 4 个部分中的全部或者几个部分。本书假设鼠类种群数量的时间序列有三部分构成，不包括循环的时间序列，即序列由三大部分：趋势项、季节性和随机扰动项构成。由公式表示如下 $Y=f(Ţ\ Ş\ e)$，其中季节项的影响由于长爪沙鼠和黑线仓鼠种群数量动态变化的周期长，调查的数据的年限较少，因此也没有把季节项算入其中。把数量种群数量的调查数据看成是具有一定的趋势性又具有较大随机性的数据系列。应用三次指数平滑法和马尔可夫链预测模型对趋势项和随机项进行了预测。此时间序列进行预测的基本思想是：将时间序列看成由发展趋势曲线和围绕趋势曲线的波动两部分叠加而成，用三次指数平滑法去拟合趋势曲线；用马尔可夫链预测模型方法去分析围绕趋势曲线上下波动数据的变化规律，即用三次指数平滑法拟合得到趋势曲线，围绕趋势曲线划分成若干个状态，再用马尔可夫链预测模型分析状态的转移规律，确定可能转移的状态，得到预测值。

二、应用三次指数平滑法和马尔可夫链预测模型组合预测法对黑线仓鼠和长爪沙鼠 2004 年的种群数量进行预测

1. 趋势曲线的建立

在 EXCEL 中利用三次指数平滑法对 1984—2003 年黑线仓鼠和长爪沙鼠的种群捕获率数据进行趋势线拟合，经过计算得出黑线仓鼠和长爪沙鼠种群数量拟合的趋势线为：黑线仓鼠的趋势方程：$y=1.5601-0.0562x-0.0066x^2$，长爪沙鼠的趋势方程：$y=-0.043-0.3087x-0.0123x^2$。

2. 用马尔可夫链模型对时间序列的随机项进行预测

（1）对 1984—2003 年黑线仓鼠和长爪沙鼠的种群数量进行状态划分，根据黑线仓鼠和长爪沙鼠的种群捕获率情况将划分成 4 个状态区间，设状态区间的边界线形状都与趋势曲线形状相同，则可得：

黑线仓鼠：

$$A=\sum_{H}(X_{(0)}(H)-\sum_{H}X_{(0)}(H))/P=(27.810-12.242)/11=1.415$$

$$B=\sum_{L}(X_{(0)}(L)-\sum_{L}X_{(0)}(L))/q=(13.336-8.609)/9=0.516$$

C=7.495　D=1.337

由区间划分公式可得，所分的 4 个状态区间为：

$H1=[H11, H21]=[1.5601-0.0562x-0.0066x^2-1.3373, 1.5601-0.0562x-0.0066x^2-0.5162]$

$H2=[H12, H22]=[1.5601-0.0562x-0.0066x^2-0.5162, 1.5601-0.0562x-0.0066x^2]$

$H3=[H13, H23]=[1.5601-0.0562x-0.0066x^2, 1.5601-0.0562x-0.0066x^2+1.4152]$

$H4=[H14, H24]=[1.5601-0.0562x-0.0066x^2+1.4152, 1.5601-0.0562x-0.0066x^2+7.4947]$

同理计算长爪沙鼠的 4 个状态区间为：

$H1=[H11, H21]=[-0.043-0.3087x-0.0123x^2-1.8402, -0.043-$

$0.3087x-0.0123x^2-1.2338]$

H2 = [H12，H22] = $[-0.043-0.3087x-0.0123x^2-1.2338，-0.043-0.3087x-0.0123x^2]$

H3 = [H13，H23] = $[-0.043-0.3087x-0.0123x^2-1.8402，-0.043-0.3087x-0.0123x^2+1.4968]$

H4 = [H14，H24] = $[-0.043-0.3087x-0.0123x^2+1.4968，-0.043-0.3087x-0.0123x^2+4.521]$

将观测数据、趋势曲线和划分的 4 个状态区间表示成图 5-1 和图 5-2，上述状态划分形成了 4 个与趋势曲线平行的条形区域。

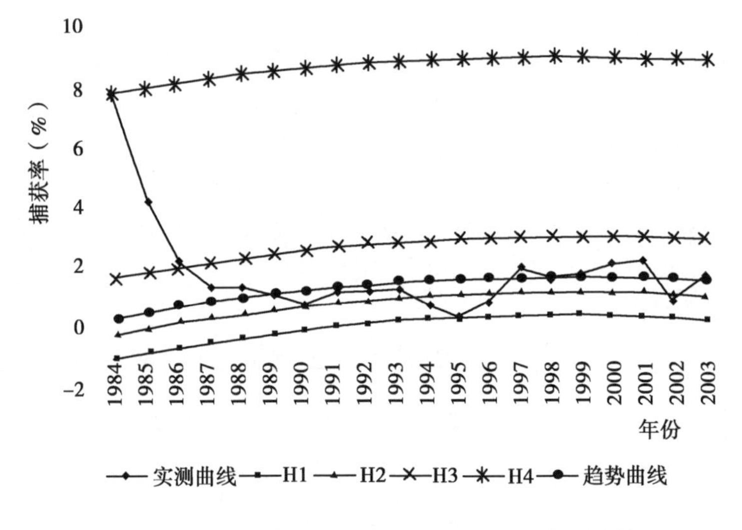

图 5-1　1984—2003 年黑线仓鼠种群数量状态划分情况

（2）状态转移概率的计算。由图 5-1 可知，黑线仓鼠观测数据落入 H1、H2、H3、H4 状态的样本点数分别为 M1 = 4，M2 = 5，M3 = 8 和 M4 = 3；由状态 H1 一步转移到状态 H1、H2、H3 和 H4 的观测数据样本数分别为 M_{11}（1）= 2，M_{12}（1）= 0，M_{13}（1）= 2 和 M_{14}(1) = 0。同样，可计算 M_{ij}（1）（i = 2，3，4；j = 1，2，3，4）的值。黑线仓鼠和长爪沙鼠各状态间的一步转移概率矩阵如下：

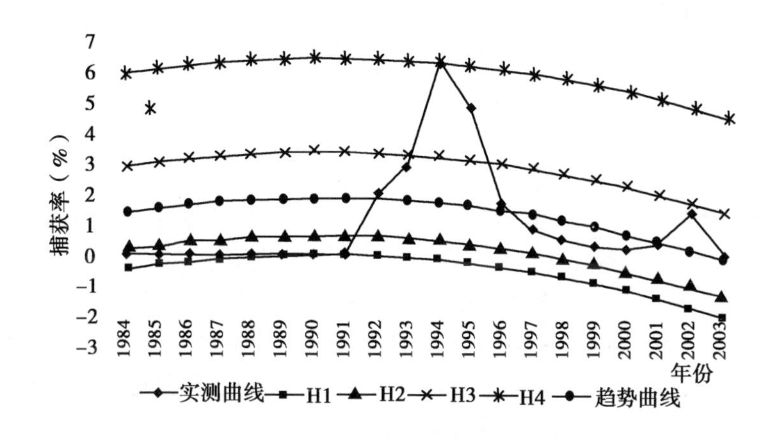

图 5-2　1984—2003 年长爪沙鼠种群数量状态划分情况

$$R_{\text{黑}} = \begin{vmatrix} 0.50 & 0 & 0.50 & 0 \\ 0.20 & 0.60 & 0.20 & 0 \\ 0.143 & 0.286 & 0.571 & 0 \\ 0 & 0 & 0.333 & 0.667 \end{vmatrix}$$

$$R_{\text{长}} = \begin{vmatrix} 0.875 & 0 & 0.125 & 0 \\ 0 & 0.80 & 0.20 & 0 \\ 0 & 0.25 & 0.5 & 0.25 \\ 0 & 0 & 0.5 & 0.5 \end{vmatrix}$$

根据以上矩阵可预测黑线仓鼠和长爪沙鼠 2004 年转移状态。由于 2003 年的黑线仓鼠处于第 3 状态，则由黑线仓鼠转移矩阵第 3 行可知，黑线仓鼠 2004 年种群数量处于 H1、H2、H3 和 H4 状态的概率分别为 0.143、0.286、0.571、0。

2004 年黑线仓鼠种群数量的预测值为 $Y_{2004} = 1.696$，种群实测捕获率 1.71；同理测得 2004 年长爪沙鼠的种群捕获率 0.608，实测值 0.02。从预测的结果可以看出黑线仓鼠种群数量的预测结果比较准确，但长爪沙鼠种群数量的预测结果较差。这可能是由于长爪沙鼠是呼和浩特地区极不稳定的鼠种，种群数量的变化的随机性较大，对数量的变动很难用一种确定的模型来表示有关。这也说明组合预测法对随机性较小的时间序列预测结构比较准确。

三、应用组合法对黑线仓鼠未来两年的种群数量进行预测

把 2004 年的捕获率放入统计数据中，算出黑线仓鼠各状态间的一步转移

概率矩阵，如下：

$$R_{黑1} = \begin{vmatrix} 0.50 & 0 & 0.50 & 0 \\ 0.20 & 0.60 & 0.20 & 0 \\ 0.143 & 0.286 & 0.714 & 0 \\ 0 & 0 & 0.333 & 0.667 \end{vmatrix}$$

黑线仓鼠2005年的种群数量为2.01，2006年为1.92；经调查2005年为(1.56±0.23)%，2006年为（0.74±0.16)%，预测值与实测值接近。

时间序列分析法（三次指数平滑法和马尔科夫链预测模型）是1种简单方便而实用的方法不同，不需从繁杂的测报因子中寻求各个因子间的相关规律，只需考虑统计对象本身历史状态的演变特点即可，而且能计算出具体的数值，但需要积累连续多年的种群动态调查资料。

三次指数平滑法和马尔可夫链预测模型组合预测法将每种预测方法包含的有用信息全部反映在预测结果里，是对时间序列中的趋势项和随机项分别采用三次指数平滑法和马尔可夫链预测模型进行预测，通过计算可以将不同模型的计算结果综合起来，相互取长补短，可以提高预测精度以及预测结果的可靠性。但也存在一定的缺点就是计算烦琐，计算量大。

时间序列分析要求积累较长时间的历史资料，且需系统连续，不能间断，否则难以揭示出时间序列的规律性。一般来说，序列越长（历史观察资料的时序数r越大)，则序列的统计性质越稳定，预测的精度越高，且预测期限也越长（最大外侧时序d与n有关，通常要求d≤n/4）（林媛媛，2005)。今后，随着对黑线仓鼠和长爪沙鼠种群数量调查资料的不断积累和完善，用时间序列分析法进行中长期预测的可靠性也将不断提高。对于三次指数平滑法和马尔可夫链预测模型的组合预测法对数据的要求更高，数据必须同时满足三次指数平滑法对数据的要求，同时又要满足马尔可夫链预测模型对数据的要求，必须是多年连续，具有明显趋势的数据。

利用时间序列分析方法预测鼠类种群数量为有害鼠类种群数量的预测提供了一种定量决策方法，但它是一种以过去的统计数据来推断未来数值的预测方法，观测的时间点不应过少，否则预测应用价值降低，20多年观测数据，样本量已不小，但仍不足以保证对未来十几年甚至更多年以后的预测值稳定性。再者，由于鼠类种群数量的时间序列不稳定，因此本次分析提出的预测模型不能作为长期不变的预测依据，应建立动态分析评价该序列的策略，建立的时间序列模型，必须以新的实测值来验证，并不断加入新的观测值，以修正或重新拟合更能反映实际的预测模型。

第六节　应用马尔可夫链模型预测长爪沙鼠和黑线仓鼠种群数量

马尔可夫链是时间和状态都离散的马尔可夫过程，应用马尔可夫链模型预测各种问题的实质是可依据 n 时刻的状态预测 n+1 时刻的状态。马尔可夫链在我国最早应用大约在 20 世纪 70 年代（王启明等，1974），目前，已经被广泛应用于各个领域，包括经济学、医学、遗传学领域，以及自然灾害的预测、教育学等。如崔振洋等（1994）应用马尔可夫链理论和方法，对某地区 1991—1995 年水稻瘟病发生程度进行预测；巴剑波等（2001）应用马尔可夫链预测了 1993—2003 年海军疟疾疫情趋势；葛键（2000）利用马尔可夫链进行分析、计算，给出了市场预测、利润预测及风险决策的数学模型。目前，有关鼠类种群数量预测使用的方法主要为线性回归模型或逐步回归模型，此方法需要测算的因子较多，同时有些因子很难通过直观观察或简单的计算而获得，有必要寻找一种简单方便而实用的预测方法，马尔可夫链预测方法只需考虑统计对象本身历史状态的演变即可，而现在较少应用马尔可夫链对鼠类种群数量进行预测。本文应用马尔可夫链模型预测了长爪沙鼠和黑线仓鼠 2005—2006 及 2007 年的种群捕获率，对应用马尔可夫链模型预测鼠类种群数量进行了研究。

一、数学模型应用

1. 马尔可夫链定义和性质

定义：设马尔可夫过程 $\{X_n, n \in T,\}$ 的参数集 T 是离散的时间集合，T= {0，1，2，…} X_n的所有可能取值的全体 $\{X_n\}$ 是离散的状态空间，记为 E = $\{x_1, x_2, \cdots\}$，若对任意的正整数 $n \in T$ 及任意的 $x_1, x_2, \cdots, x_n, x_{n+1} \in E$，都有 $P(X_{n+1}=x_{n+1} \mid X_1=x_1, X_2=x_2, \cdots, X_n=x_n) = P(X_{n+1}=x_{n+1} \mid X_n=x_n)$ 则称 $\{X_n\}$ 为马尔可夫链。

在马尔可夫链中，$P_{ij}^{(n)} = P\{X_{n+1}=j \mid X_n=i\}$ 称为马尔可夫链 $\{X_n, n \in T,\}$ 在时刻 n 的 1 步转移概率，其中 $i, j \in E$，1 步转移概率可用矩阵 P 表示：

$$P = \begin{vmatrix} P_{11} & P_{12} & \Lambda & P_{1m} \\ P_{21} & P_{22} & \Lambda & P_{2m} \\ \Lambda & \Lambda & & \\ P_{m1} & P_{m2} & \Lambda & P_{mm} \end{vmatrix}$$

t 到 t+1 时刻，状态从 S_i转移为 S_j的频数 n_{ij}与总频数 n 之比则为状态 S_i转移为 S_j的 1 步转移概率。

$P_{ij} \geqslant 0$ 且 $\sum_{j=1}^{m} P_{ij} = 1$（i，j=1，2，…m）

一般地，转移概率 $P_{ij}^{(n)}$不仅与状态 i、j 有关，而且与时刻 n 有关。当 $P_{ij}^{(n)}$不依赖于时刻 n 时，表示马尔可夫链具有平稳转移概率。若对任意的 $i, j \in E$，马尔可夫链 $\{X_n, n \in T\}$ 的转移概率 $P_{ij}^{(n)}$与 n 无关，则称马尔可夫链是其次的。马尔可夫链预测方法有三种：基于绝对分布的马尔可夫链预测、叠加马尔可夫链预测、加权马尔可夫链预测。本书采用加权马尔可夫链预测。

2. 加权马尔可夫链预测过程

（1）对历史数据进行状态划分。本书采用优选法（0.618 法）对历史数据进行状态等级的划分，所谓优选法，是抓住具体问题的主要矛盾，运用数学的原理和方法，合理的安排试验点，以尽可能少的试验次数，迅速地找到最优点的科学试验方法。试验点的计算采用下列公式：

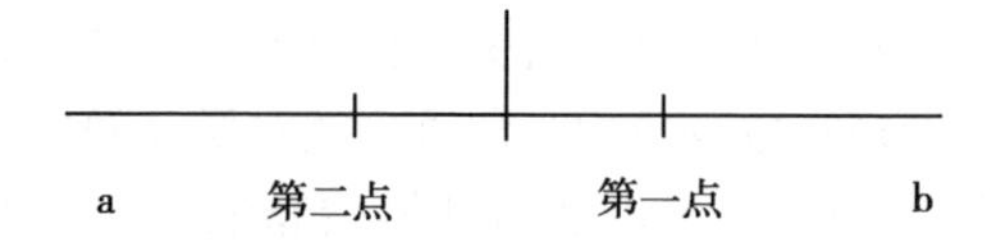

$X_1 = a + 0.618(b-a)$

$X_2 = a + b - X_1$

计算出的所有试验点根据马尔可夫链各阶的转移概率矩阵的所有元素非负、所有各行之和约为 1 的特征及各种状态的概率大致相近的原则确定最后的分级标准。

（2）马尔可夫性检验。随机序列是否具有马尔可夫性，是应用马尔可夫链模型分析和解决实际问题的必要前提，通常离散序列的马尔可夫性可用 x^2统计量来检验。

$$X^2 = 2\sum_{i=1}^{m}\sum_{j=1}^{m} f_{ij} \left| \log \frac{P_{ij}}{P_{*j}} \right|$$

其中，P_{*j}称为边际概率，$P_{*j} = \dfrac{\sum_{i=1}^{m} f_{ij}}{\sum_{i=1}^{m}\sum_{j=1}^{m} f_{ij}}$表示历史数据序列有 m 个可能的状态，用 f_{ij}表示历史数据序列从状态 i 经过 1 步转移到状态 j 的频数，$i, j \in E$，其中 P_{ij}为 1 步转移概率。

当 n 充分大时，统计量服从自由度为 $(m-1)^2$的 x^2分布，给定显著性水平

a，查表可得分位点 $x_a\ (m-1)^2$ 值，若 $x^2>x_a\ (m-1)^2$，则可认为序列 $\{X_n\}$ 符合马尔可夫性，否则认为该序列不能作为马尔可夫链来处理。

（3）转移概率。较多概率根据历史数据序列的状态，写出频率矩阵和各阶转移概率矩阵。各阶转移概率矩阵 $P_{ij}=\frac{f_{ij}}{\sum_{j=1}^{m} f_{ij}}$ 表示历史数据序列包含了 m 个状态，用 f_{ij} 表示历史数据序列中，从状态 i 经过 1 步、2 步、3 步或 m 步转移到状态 j 的频率，I，$j \in E$，将转移频数矩阵的第 i 行第 j 列元素 f_{ij} 除以各行的总和所得的值称为转移概率。

（4）计算马尔可夫链的权重。首先计算各阶自相关系数 r_k，$k \in E$，对各阶自相关系数规范化，即 $W_k=\frac{|r_k|}{\sum_{j=1}^{m}|r_k|}$，将 w_k 作为各阶时滞（步长）的马尔可夫链的权重，m 为按时间需要计算到的最大阶数。

（5）预测 n+1 时段的状态。分别以前面若干年份的历史数据为初始状态，结合其相应的各阶转移概率矩阵预测该段的状态概率 $P_i^{(k)}$，$i \in E$，k 为时滞（步长），k=1，2…m。将同一状态的各预测概率，即 $P_{(j)}=\sum_{k \in E} W_k P_i^{(p)}$，时刻 n+1 时所处状态 j 满足 $P_{(j)}=\max\ \{P_{(i)}\}\ i \in E$。

待 n+1 时段的状态确定后，将其加入到原始序列中，再重复（1）～（5），预测n+2 时的状态，以此类推。

二、长爪沙鼠和黑线仓鼠马尔可夫链模型的建立

连续不断 21 年的野外调查获得 1984—2004 年长爪沙鼠和黑线仓鼠种群数量（捕获率）实测数据（表 5-6 和表 5-7），以 2004 年长爪沙鼠和黑线仓鼠种群捕获率作为模型检验预测的实例。

表 5-6　1984—2004 年长爪沙鼠种群捕获率实测值

年度	捕获率（%）	年度	捕获率（%）	年度	捕获率（%）
1984	0	1985	0	1986	0
1987	0	1988	0	1989	0. 05
1990	0. 06	1991	0. 05	1992	2. 04
1993	2. 95	1994	6. 26	1995	4. 82
1996	1. 73	1997	0. 86	1998	0. 55

（续表）

年度	捕获率（%）	年度	捕获率（%）	年度	捕获率（%）
1999	0.32	2000	0.27	2001	0.43
2002	1.44	2003	0.05	2004	0.02

表 5-7　1984—2004 年黑线仓鼠种群捕获率实测值

年度	捕获率（%）	年度	捕获率（%）	年度	捕获率（%）
1984	7.74	1985	4.22	1986	2.17
1987	1.30	1988	1.35	1989	1.10
1990	0.75	1991	1.18	1992	1.19
1993	1.23	1994	0.72	1995	0.25
1996	0.85	1997	2.01	1998	1.65
1999	1.74	2000	2.20	2001	2.30
2002	0.87	2003	1.68	2004	1.71

1. 状态等级划分

根据 1984—2004 年长爪沙鼠和黑线仓鼠种群数量的调查数据表 5-6 和表 5-7，从表 5-6 数据中得出 1984—2004 年长爪沙鼠的最大捕获率为 6.26%，最小的为 0%。根据优选法首先做第一点。

第一点：0+（6.26-0）0.618=3.87

第二点：0+6.26-3.87=2.39

第三点：0+3.87-2.39=1.48

第四点：0+2.39-1.48=0.91

第五点：0+1.48-0.91=0.57

第六点：0+0.91-0.57=0.34

第七点：0+0.57-0.34=0.23

第八点：0+0.34-0.23=0.11

再将第一次余下的线段左折：

第一点：3.87+（6.26-3.87）0.618=5.35

第二点：3.87+（6.26-5.35）=4.79

由上述数据，根据马尔可夫链各阶的转移概率矩阵的所有元素非负，所有各行之和约为 1 的特征及各种状态的概率大致相近的原则，将长爪沙鼠种群捕获率划分为五个等级，分别为：0. 11 以下为一级，0. 11~0. 34 为二级，0. 34~2. 39 为三级，2. 39~3. 87 为四级，3. 87 以上为五级。同理，由表 5-7 实测数据将黑线仓鼠种群捕获率状态进行划分，划分的等级分别为：0. 93 以下为一级，0. 93~1. 34 为二级，1. 34~3. 11 为三级，3. 11 以上为四级。长爪沙鼠和黑线仓鼠种群捕获率状态等级划分，分别见表 5-8 和表 5-9。

表 5-8 1984—2004 年长爪沙鼠捕获率状态等级划分

年度	捕获率（%）	等级	年度	捕获率（%）	等级
1984	0	1	1995	4. 82	5
1985	0	1	1996	1. 73	3
1986	0	1	1997	0. 86	3
1987	0	1	1998	0. 55	3
1988	0	1	1999	0. 32	2
1989	0. 05	1	2000	0. 27	2
1990	0. 06	1	2001	0. 43	3
1991	0. 05	1	2002	1. 44	3
1992	2. 04	3	2003	0. 05	1
1993	2. 92	4	2004	0. 02	1
1994	6. 26	5			

表 5-9 1984—2004 年黑线仓鼠捕获率状态等级划分

年度	捕获率（%）	等级	年度	捕获率（%）	等级
1984	7. 74	4	1995	0. 25	1
1985	4. 22	4	1996	0. 85	1
1986	2. 17	3	1997	2. 01	3
1987	1. 30	2	1998	1. 65	3
1988	1. 35	3	1999	1. 74	3
1989	1. 10	2	2000	2. 20	3
1990	0. 75	1	2001	2. 30	3

（续表）

年度	捕获率（%）	等级	年度	捕获率（%）	等级
1991	1.18	2	2002	0.87	1
1992	1.19	2	2003	1.68	3
1993	1.23	2	2004	1.71	3
1994	0.72	1			

2. 马尔可夫链的检验

由表5-6和表5-7长爪沙鼠黑线仓鼠种群捕获率的实测数据计算频度转移矩阵 f_{ij} 和1步转移概率矩阵 $P_{(1)}$，由表5-6计算长爪沙鼠频度转移矩阵为：

$$f_{ij}=\begin{vmatrix} 7 & 0 & 1 & 0 & 0 \\ 0 & 1 & 1 & 0 & 0 \\ 1 & 1 & 3 & 1 & 0 \\ 0 & 0 & 0 & 0 & 1 \\ 0 & 0 & 1 & 0 & 1 \end{vmatrix}$$

结合1步转移概率矩阵 $P_{(1)}$：

$$P_{(1)}=\begin{vmatrix} 0.875 & 0 & 0.125 & 0 & 0 \\ 0 & 0.5 & 0.5 & 0 & 0 \\ 0.1667 & 0.1667 & 0.5 & 0.1667 & 0 \\ 0 & 0 & 0 & 0 & 1 \\ 0 & 0 & 0.15 & 0.5 & \end{vmatrix}$$

可计算长爪沙鼠的统计量 X^2 的值34.445，同理计算黑线仓鼠的 X^2 为16.987，在给定的显著性水平 a=0.05 查表可得 x_a^2（16）=26.296，x_a^2（9）=16.919，由于 $X^2>x_a^2$［$(m-1)^2$］，因此长爪沙鼠和黑线仓鼠的历史数据满足马尔可夫链来处理。

3. 各阶马尔可夫链的权重

由表5-6和表5-7实测数据计算长爪沙鼠和黑线仓鼠1984—2003年捕获率的平均值分别为 $\overline{X}_{长}=1.0925$、$\overline{X}_{黑}=1.825$，根据1984—2003年实测数据和平均值计算长爪沙鼠和黑线仓鼠的自相关系数，由自相关系数计算权重，结果见表5-10、表5-11。

表 5-10　长爪沙鼠各阶自相关系数和各个步长的马尔可夫链的权重

项目	时滞（年）				
	1	2	3	4	5
自相关系数 r_k	0.708 2	0.335 8	−0.006 0	−0.222 1	−0.307 3
权重 w_k	0.448 4	0.212 6	0.003 8	0.140 6	0.194 5

表 5-11　黑线仓鼠各阶自相关系数和各个步长的马尔可夫链的权重

项目	时滞（年）			
	1	2	3	4
自相关系数 r_k	0.422 8	0.101 4	−0.001 2	−0.018 0
权重 w_k	0.778 0	0.186 6	0.002 3	0.033 1

4. 模型的计算与检验

根据呼和浩特郊区 1984—2003 年长爪沙鼠和黑线仓鼠 20 年的捕获率数据（2004 年数据除外，留作对模型的检验），计算长爪沙鼠种群捕获率各阶转移概率矩阵为：

$$P_{(1)}=\begin{vmatrix} 0.875 & 0 & 0.125 & 0 & 0 \\ 0 & 0.5 & 0.5 & 0 & 0 \\ 0.1667 & 0.1667 & 0.1667 & 0.1667 & 0 \\ 0 & 0 & 0 & 0 & 1 \\ 0 & 0 & 0.5 & 0 & 0.5 \end{vmatrix}$$

$$P_{(2)}=\begin{vmatrix} 0.7865 & 0.0208 & 0.1719 & 0.0208 & 0 \\ 0.0833 & 0.3333 & 0.5 & 0.833 & 0 \\ 0.2292 & 0.1667 & 0.3542 & 0.0833 & 0.1667 \\ 0 & 0 & 0.5 & 0 & 0.5 \\ 0.0833 & 0.0833 & 0.5 & 0.0833 & 0.625 \end{vmatrix}$$

$$P_{(3)}=\begin{vmatrix} 0.7168 & 0.0391 & 0.194 & 0.0286 & 0.0208 \\ 0.7167 & 0.0391 & 0.1947 & 0.0286 & 0.0208 \\ 0.1563 & 0.2500 & 0.4271 & 0.0833 & 0.0833 \\ 0.2595 & 0.1424 & 0.3724 & 0.0590 & 0.1667 \\ 0.0833 & 0.0833 & 0.5 & 0.0833 & 0.25 \end{vmatrix}$$

$$P_{(4)}=\begin{vmatrix} 0.6596 & 0.0520 & 0.2169 & 0.0324 & 0.0391 \\ 0.2079 & 0.1962 & 0.3997 & 0.0711 & 0.1250 \\ 0.2892 & 0.1332 & 0.3732 & 0.0621 & 0.2083 \\ 0.1563 & 0.1250 & 0.4271 & 0.0833 & 0.2083 \\ 0.2079 & 0.1337 & 0.3998 & 0.0712 & 0.1875 \end{vmatrix}$$

$$P_{(5)}=\begin{vmatrix} 0.6133 & 0.0621 & 0.2364 & 0.0361 & 0.0520 \\ 0.2485 & 0.1647 & 0.3864 & 0.0361 & 0.0520 \\ 0.3152 & 0.1288 & 0.3864 & 0.0666 & 0.1337 \\ 0.2079 & 0.1337 & 0.3997 & 0.0711 & 0.1875 \\ 0.2485 & 0.1335 & 0.3864 & 0.0666 & 0.1649 \end{vmatrix}$$

根据各阶的转移概率矩阵、各状态的权重值和初始年的状态，预测 2004 年长爪沙鼠的捕获率状态（表 5-12）。

表 5-12　2004 年长爪沙鼠种群捕获率情况预测

初始年	状态	时滞（年）	状态权重	1	2	3	4	5	概率来源
2003	1	1	0.4484	0.875	0	0.125	0	0	*P*（1）
2002	3	2	0.2126	0.2292	0.1667	0.3542	0.0833	0.1667	*P*（2）
2001	3	3	0.0038	0.2595	0.1424	0.3724	0.0590	0.1667	*P*（3）
2000	2	4	0.1406	0.2079	0.1962	0.3997	0.0712	0.1250	*P*（4）
1999	2	5	0.1945	0.2485	0.1647	0.3864	0.0666	0.1337	*P*（5）
		加权值		0.5196	0.0956	0.2642	0.0409	0.0797	

同理，计算 1984—2003 年黑线仓鼠种群捕获率各阶转移概率矩阵如下：

$$P_{(1)}=\begin{vmatrix} 0.4 & 0.2 & 0.4 & 0 \\ 0.4 & 0.4 & 0.2 & 0 \\ 0.1429 & 0.2857 & 0.5714 & 0 \\ 0 & 0 & 0.5 & 0.5 \end{vmatrix}$$

$$P_{(2)}=\begin{vmatrix} 0.2971 & 0.2743 & 0.4286 & 0 \\ 0.3486 & 0.2971 & 0.3543 & 0 \\ 0.2531 & 0.0361 & 0.4408 & 0 \\ 0.071 & 0.1429 & 0.5357 & 0.25 \end{vmatrix}$$

$$P_{(3)}=\begin{vmatrix} 0.2898 & 0.2916 & 0.5357 & 0 \\ 0.3089 & 0.2898 & 0.4186 & 0 \\ 0.2866 & 0.2990 & 0.4143 & 0 \\ 0.1622 & 0.2245 & 0.4883 & 0.125 \end{vmatrix}$$

$$P_{(4)}=\begin{vmatrix} 0.2924 & 0.2942 & 0.4883 & 0 \\ 0.2968 & 0.2924 & 0.4108 & 0 \\ 0.2935 & 0.2953 & 0.4112 & 0 \\ 0.2244 & 0.2617 & 0.4513 & 0.0625 \end{vmatrix}$$

从表5-12可以看出，在长爪沙鼠状态栏中，将同一状态的各预测概率加权求和之后，状态“1”的概率最大为0.519 6，故2004年长爪沙鼠的捕获率状态等级为“1”级，在0.11以下，与实测数据0.02相符。同理应用马尔可夫链模型预测黑线仓鼠2004年的捕获率状态等级，计算结果见表5-13。由表5-13可看出，在黑线仓鼠状态栏中，将同一状态的各预测概率加权求和之后，状态“3”的概率最大为0.539 1，可见2004年黑线仓鼠的预测状态是“3”级，故2004年黑线仓鼠的捕获率状态等级为“3”级，在1.34~3.11，与实测数据1.71相符，预测比较准确。

表5-13 2004年黑线仓鼠种群捕获率情况的预测

初始年	状态	时滞（年）	状态权重	1	2	3	4	概率来源
2003	3	1	0.778 0	0.142 9	0.285 7	0.571 4	0	*P*（1）
2002	1	2	0.186 6	0.297 1	0.274 3	0.428 6	0	*P*（2）
2001	3	3	0.002 3	0.286 6	0.299 0	0.414 3	0	*P*（3）
2000	3	4	0.033 1	0.293 5	0.295 3	0.411 2	0	*P*（4）
		加权值		0.177 0	0.283 9	0.539 1	0	

三、应用马尔可夫链对长爪沙鼠和黑线仓鼠种群数量进行预测

把2004年长爪沙鼠和黑线仓鼠捕获率数据放入调查数据中，计算出1984—2004年长爪沙鼠和黑线仓鼠的各阶转移概率矩阵。根据马尔可夫链预

测模型和各阶的转移概率矩阵预测长爪沙鼠和黑线仓鼠未来三年（2005年、2006年、2007年）的捕获率情况（表5-14、表5-15）。从表5-14可以看出长爪沙鼠三年的状态栏中都以“1”的概率最大，所以未来三年的状态级别都为“1”级，所以在未来三年内长爪沙鼠的捕获率都在0.11以下，不会造成危害。

表5-14　2005—2007年长爪沙鼠种群数量预测

年度	状态分布概率					预测状态	预测范围
	状态1	状态2	状态3	状态4	状态5		
2005	0.674 4	0.052 1	0.205 0	0.024 4	0.044 0	1	0.11以下
2006	0.690 5	0.044 7	0.198 6	0.023 3	0.042 8	1	0.11以下
2007	0.741 6	0.033 7	0.176 6	0.019 2	0.029 0	1	0.11以下

从表5-15可以看出：黑线仓鼠未来三年的状态栏中都可以“3”的概率最大，所以三年的状态级别都为“3”级，捕获率在1.34~3.11。

表5-15　2005—2007年黑线仓鼠种群数量预测

年度	状态分布概率				预测状态	预测范围
	状态1	状态2	状态3	状态4		
2005	0.150 6	0.257 0	0.592 4	0	3	1.34~3.11
2006	0.150 6	0.257 0	0.592 4	0	3	1.34~3.11
2007	0.150 5	0.257 1	0.592 4	0	3	1.34~3.11

由2005年的实际调查资料知，2005年长爪沙鼠的实测捕获率为0.01，与预测值相符；黑线仓鼠的实测捕获率为1.56，捕获率在1.34~3.11，预测值和实测值相符。这说明马尔可夫链对2005年长爪沙鼠和黑线仓鼠种群数量的预测比较准确。同时利用Stenseth等（1980）的变动指数S计算长爪沙鼠和黑线仓鼠种群数量变动的周期性，设D_i为第i年的鼠类平均相对密度，则各年以10为底的对数ln（D_i）的标准差S为变动指数。当$S<0.5$时，群落或种群为非周期性波动；当$S>0.5$时，为周期性波动。计算长爪沙鼠和黑线仓鼠的变动指数，分别为0.852 1、0.306 5，其中长爪沙鼠的$S>0.5$，具有周期性，黑线仓鼠$S<0.5$，为非周期性波动。长爪沙鼠种群的周期性波动见图5-3，可以看出长爪沙鼠2004年以后正处于周期性中的低谷期。与这应用马尔可夫链模

型预测的长爪沙鼠未来三年（2005年、2006年、2007年）种群动态情况正好相符，也说明了应用马尔可夫链预测模型对长爪沙鼠的预测是比较准确的。

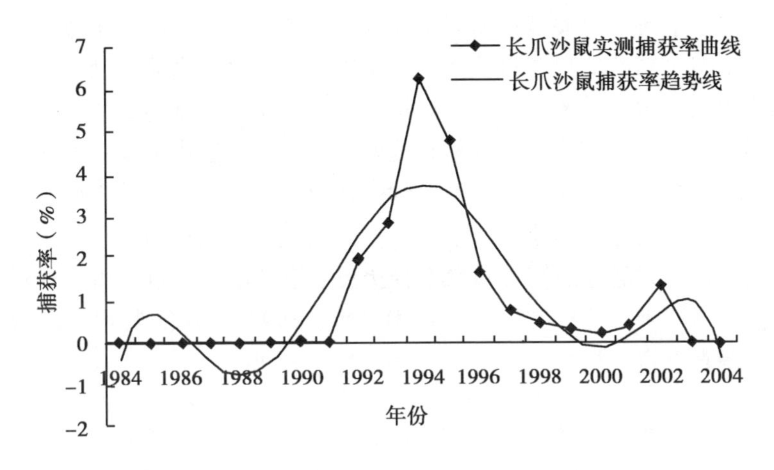

图5-3　1984—2004年长爪沙鼠平均相对密度变化

对长爪沙鼠和黑线仓鼠种群数量的预测，在未来三年内长爪沙鼠处于种群数量的低谷期，黑线仓鼠仍处在低谷期。

本书利用马尔可夫链模型同时预测了长爪沙鼠和黑线仓鼠捕获率的等级状态，预测的结果比较准确。这说明对于预测长爪沙鼠和黑线仓鼠种群的动态数量，马尔可夫链模型是比较好的模型。马尔可夫链模型对数据的要求不高，只要有多年连续的种群动态数量数据，种群数量的变化符合马尔可夫链预测模型的基本思想，即事物变动过程符合马尔可夫链形成过程中事物变动的随机性和转移状态的无后效应两个主要特点，便可应用其方法进行预测，不考虑其他影响种群数量的因素。长爪沙鼠和黑线仓鼠种群数量的数据符合上面的要求，所以应用马尔可夫链模型进行种群数量预测是合理的，今后对当地这两个种群数量进行预测时，只需补充当年的种群捕获率，求出各阶的转移概率矩阵，并进行相应的概率转移，即可预测下一年的发生数量，这种方法简单易行，准确度较高。本方法在种群数量动态方面的应用是广阔的，值得人们对其进一步的开发。

虽然我国学者已对不同地区林业、农业、草原等常见鼠害种群数量动态及预测预报进行了研究，较成功地建立了多种数学模型，使啮齿动物种群动态预测的准确度达到了一定水平，促进了啮齿动物种群生态学的发展，但这些模型主要是线性和非线性回归模型。而建立线性回归预测模型或逐步回归模型，需要对害鼠的生物学、生态学特征有较全面的了解，对不同的鼠种需要选择不同的生物、生态学特征及关键环境因子作为模型参量，涉及的因子较多。而有些关于种群动态机制的信息在自然条件下难以直观观察或由简单计算而获得，再加上那些难以量化统计的因子以及随机因子的干扰，如认为干扰、天敌捕食及动物在栖息地间的迁移等使预测仍有偏差。马尔可夫链模型是一种简单方便而实用的方法，是应用广泛、理论完备的随机模型，在近代统计学中有极其重要的地位。马尔可夫链与其他方法不同，不需从繁杂的测报因子中寻求各个因子间的相关规律，只需考虑统计对象本身历史状态的演变特点即可，通过计算状态转移概率预测未来状态的变化（邵崇斌等，1996），但需要积累连续多年的种群动态调查资料。

第六章　主要害鼠的防治研究

通过长期监测才能知道害鼠种群数量变动规律，呼和浩特郊区有两种优势种，即黑线仓鼠和长爪沙鼠，它们数量变动一般经过低谷期、上升期、高峰期和下降期。每种鼠的数量周期是不同的，有长有短。呼和浩特郊区黑线仓鼠经过 30 年的调查尚未完成一个变动周期，1984 年为高峰期，1985 年和 1986 年为下降期，1987—2014 年一直处在低谷期。长爪沙鼠在监测期间完成一个变动周期 1984—1991 年为低谷期，1992—1993 年为上升期，1994 年为高峰期，1996—1997 年为下降期，1998—2013 年为低谷期。害鼠对农牧业生产的危害仅发生在上升后期经高潮期至下降期的前期，如黑线仓鼠危害期仅发生在 1982—1986 年，危害期约 5 年，长爪沙鼠危害期发生在 1992—1996 年，也是 5 年。由此看出，一种鼠对农牧业的危害是短期的。掌握其变动规律时，在上升初期用抗凝血杀鼠剂防治，可以将鼠的数量在上升期控制，防止向高潮期发展，在上升初期鼠在局部地区形成危害，此时防治既省工人又节省药品，还能在局部范围内高效压低种群数量，能起到事半功倍的效果。

第一节　黑线仓鼠的防治

一、抗凝血剂防治黑线仓鼠

国内有关黑线仓鼠防治的报告较少。为了筛选对黑线仓鼠适宜的抗凝血杀鼠剂，1985 年秋季，我们用大隆、溴敌隆、敌鼠钠、杀鼠迷、氯敌鼠等药物对黑线仓鼠作了室内药物试验和现场灭鼠试验。

1. 致死中量（LD_{50}）的测定

（1）试验动物。黑线仓鼠捕自呼和浩特郊区，在室内正常饲养 3d 以上。选健康成体随机编组，每组 8 只，雌、雄各半。灌药后正常饲养 21d，观察中毒症状和死亡时间。

（2）杀鼠剂。

①大隆：含量为 95.40%，由英国卜内门化学有限公司农药部提供。

②隆敌隆：含量为 90%，由青海省化工研究所提供。

③杀鼠迷：含量为 97%，由德国拜耳有限公司提供。

④氯敌鼠：含量为 98%，由匈牙利进口公司提供。

2. 测定结果

以简化概率单位法计算，结果见表 6-1。

表 6-1　五种抗凝血杀鼠剂对黑线仓鼠的毒力测定

杀鼠剂	有效组数	给药次数	最高剂量（kg）	最低剂量（mg/kg）	致死中量（p=0.95）	回归方程
大隆	5	1	0.24	0.60	0.1382±0.0309	$y=4.6210x+8.9717$
溴敌隆	4	1	3.60	1.80	2.335±0.2389	$y=15.9861x-0.8828$
杀鼠迷	5	1	227.23	9.70	95.9184±2.4725	$y=2.3997x+0.244$
杀鼠迷	5	3	2.425	0.152	0.7209±0.3195	$y=2.2757x+5.3234$
敌鼠钠	4	1	3.20	0.05	0.3363±0.1877	$y=2.9439x+6.3933$
氯敌鼠	5	1	3.136	0.196	0.6044±0.2154	$y=3.9258x+5.8582$

由表 6-1 看出，五种抗凝血杀鼠剂除杀鼠迷外，对黑线仓鼠急性毒力都比较强，但杀鼠迷经过三次投药后毒力可大大提高，致死中量由 95.92mg/kg 变为 0.72mg/kg。

大隆、溴敌隆为第 2 代抗凝血杀鼠剂，其急性毒力应较第 1 代抗凝血剂的毒力增强。但从它们对黑线仓鼠的致死中量来看，除杀鼠迷外，大隆比敌鼠钠和氯敌鼠毒力增强的不显著，溴敌隆的毒力尚不及敌鼠钠和氯敌鼠。因此，在实际应用中，应当首选第 1 代抗凝血剂防治黑线仓鼠。

3. 服药至死亡时间

了解服药后至死亡时间，在实践中有一定意义，因此，在测定致死中量时，进行了观察。各种杀鼠剂对黑线仓鼠的平均死亡时间见表 6-2。

表 6-2　五种抗凝血杀鼠剂引起黑线仓鼠的死亡时间　（h）

杀鼠剂	给药次数	最早死亡	最晚死亡	平均值±标准误	标准差
大隆	1	60.5	270.5	105.65±10.04	57.64
溴敌隆	1	35.5	259.0	77.18±12.17	53.06
杀鼠迷	1	61.0	167.0	98.33±9.76	35.23

（续表）

杀鼠剂	给药次数	最早死亡	最晚死亡	平均值±标准误	标准差
杀鼠迷	3	41.0	160.0	72.97±15.77	66.86
敌鼠钠	1	68.0	355.5	107.04±13.23	66.17
氯敌鼠	1	55.0	204.0	105.50±8.50	40.78

由表6-2看出，除溴敌隆外，其他四种杀鼠剂1次投药平均死亡时间都在4~5d，最早死亡时间在2d以上。溴敌隆1次投药平均死亡时间为3.2d。杀鼠迷3次投药后不但毒力提高，平均死亡时间也提早，为3.04d，比1次投药提早1d，但二者没有显著性差异（$t=0.3356<t_{0.05}$，$P>0.05$）。五种抗凝血杀鼠剂最短死亡时间为1.5d，最长为15d。因此，在现场灭鼠时，投药后20d调查灭鼠效果是适宜的。

大隆杀死黑线仓鼠的平均死亡时间，与氯敌鼠、敌鼠钠、杀鼠迷及溴敌隆无显著性差异（t值分别为0.06、0.02、0.11和0.36，均小于$t_{0.05}$）。可见，第一代抗凝剂与第二代抗凝剂在杀死动物的时间上没有差别。虽然第二代抗凝剂1次投饵毒力增强了，但死亡时间没有提前。

二、适口性试验

适口性好坏是衡量杀鼠剂优劣的重要条件之一。分别用不同浓度的大隆、溴敌隆、杀鼠迷和敌鼠钠毒饵，对黑线仓鼠作了非选择性摄食试验。

鼠自野外捕回后，在实验室内正常饲喂3d以上，选健康成体20只为1组，雌、雄各半，分两笼饲养。第1天用无毒小麦饲养，第2天用毒饵饲养，之后正常饲养21d，观察中毒症状和死亡时间。用无毒食饵和毒饵日消耗量，计算出摄食系数，根据鼠死亡率和摄食系数确定适口性的优劣。测定结果见表6-3。

表6-3　黑线仓鼠对4种抗凝血杀鼠剂毒饵非选择性摄食试验

毒饵及浓度	死鼠数/试鼠数	死亡率（%）	毒饵消耗量（g）/诱饵消耗量（g）	摄食系数
0.005%大隆小麦	20/20	100.0	57/72	0.79
0.01%溴敌隆小麦	20/20	100.0	61/55	1.11
0.01%杀鼠迷小麦	20/20	100.0	85/79	1.08

（续表）

毒饵及浓度	死鼠数/试鼠数	死亡率（%）	毒饵消耗量（g）/诱饵消耗量（g）	摄食系数
0.037%杀鼠迷小麦	20/20	100.0	24/34	0.71
0.075%敌鼠钠小麦	24/24	100.0	26/33	0.79
0.05%氯敌鼠小麦	20/20	100.0	86/85	1.01

从表6-3中看出，大隆、溴敌隆、杀鼠迷和敌鼠钠，对黑线仓鼠适口性好，饲喂1d后全部死亡，摄食系数均在0.7以上。

三、现场防治试验

用大隆、杀鼠迷、敌鼠钠莜麦毒饵，于1985年在内蒙古锡林郭勒草原的牧草地种植地进行了防治试验。

1. 毒饵浓度

0.005%、0.01%大隆莜麦毒饵，0.037 5%、0.075%杀鼠迷莜麦毒饵，0.05%、0.1%和0.2%敌鼠钠莜麦毒饵。

2. 试验方法及结果

样方选好后，用直线夹夜法调查灭鼠前鼠浓度，行距50m，夹距5m，每个样方布放200个鼠夹。调查后采用等距离条撒法，行距15m，每公顷平均撒饵2.25kg，每个样方4~6hm^2。投饵后15~20d，采用与灭鼠前同样方法调查灭鼠后密度。根据灭鼠前、后的鼠密度，计算灭鼠效果（表6-4）。

表6-4　三种抗凝血杀鼠剂防治黑线仓鼠的现场效果

毒饵	捕鼠数	捕获率（%）	捕鼠数	捕获率（%）	灭鼠率（%）
0.005%大隆莜麦	25	12.5	2	1.00	92±2.84
0.01%大隆莜麦	23	11.5	6	0	100.00
0.375%杀鼠迷莜麦	26	13.0	1	0.5	96.15±2.72
0.075%杀鼠迷莜麦	28	14.0	0	0	100.00
0.05%敌鼠钠莜麦	23	11.5	1	0.5	91.30±3.99
0.1%敌鼠钠莜麦	27	13.5	0	0	100.00
0.2%敌鼠钠莜麦	25	12.5	0	0	100.0

注：灭鼠前后每个样方分别布放鼠夹200个

现场灭鼠试验表明，0.005%和0.01%大隆莜麦毒饵灭鼠效果无显著性差异（$x^2=0.021<x^2_{0.05}$，$P>0.05$）。0.005%大隆莜麦毒饵灭效为（92±3.84)%，大面积灭鼠时宜用该浓度毒饵；0.037 5%和0.075%杀鼠迷莜麦毒饵的灭鼠效果分别为（96.15±2.72)%和100%，无显著差异（$x^2=0<x^2_{0.05}$，$P>0.05$），灭鼠实践中宜用0.037 5%；0.05%。0.1%和0.2%敌鼠钠莜麦毒饵灭效分别为(91.30±3.99)%，100%和100%。0.05%、0.1%、0.2%敌鼠钠莜麦毒饵灭效无显著性差异（x^2分别为0.006 6和0.016，均小于$x^2_{0.05}$，$P>0.05$），故宜选用0.05%的浓度。

0.005%大隆毒饵和0.05%敌鼠钠毒饵防治黑线仓鼠的效果非常接近，无显著差异。在现场防治中，大隆并未显示出比第1代抗凝剂好的优点。0.05%大隆与0.0375%杀鼠迷的灭鼠效果比较，亦无显著性差异，与上述结论一致。因此，目前在我国鼠害防治中，当尚未出现抗性鼠的情况下，不宜提倡超前使用第2代抗凝血杀鼠剂；且第2代抗凝剂成本既高，也不如第1代抗凝剂安全。

第二节 长爪沙鼠的防治

一、化学杀鼠剂防治长爪沙鼠

关于长爪沙鼠的化学防治曾有过报道（汪诚信等，1990）。我们先后用氯敌鼠、杀鼠迷、溴敌隆、大隆、杀他仗和D型肉毒素进行了室内和现场防治实验，用鼠完，鼠完钠盐，杀鼠酮和C型肉毒素作了现场防治实验。利用斑蝥素和斑蝥粉进行筛选实验。

1. 室内实验

（1）实验药品。

杀鼠迷（*Coumatetralyl*）含量为97%，由德国拜耳有限公司提供。

杀他仗（*Stratagem*）含量为97%，由英国壳牌公司提供。

氯敌鼠（*Chlorophasinone*）：含量98%，由匈牙利进出口公司提供。

溴敌隆（*Bromomdiolone*）：含量90%，由青海省化工研究所提供。

大隆（*Brodifacoum*）：含量95.40%，由英国卜内门化学有限公司提供。

鼠完（*Pival*）：含量90%，鼠完钠盐：含量80%，由大连化工研究所提供。

C型和D型肉毒（*Botulin Type* C和D）：C型含量200万Mu/mL，D型

1 000 万 Mu/mL，均由扬州崔氏生物实验研究所提供。

斑蝥素：斑蝥购自内蒙古自治区医药公司；斑蝥素由作者在实验室内提纯，含量不清（室内外实验室结果如果理想再测含量）。

（2）实验动物。长爪沙鼠捕自呼和浩特郊区，捕获鼠经灭体外寄生虫后，在室内至少饲养 3d，每天饲喂小米和胡萝卜，选健康成体进行实验。

（3）致死中量测定方法。采用简化概率单位法测定每组动物 8 只或 10 只，雌雄各半。几种杀鼠剂对长爪沙鼠的致死中量（LD_{50}）见表 6-5。

表 6-5　几种杀鼠剂对长爪沙鼠致死中量的测定

杀鼠剂	每组动物数（只）	有效组数	给药次数	最低剂量（mg/kg）	最高剂量（kg）	致死中量（p=0.95）	回归方程
杀鼠迷	8	5	1	9.70	227.23	57.451 3±27.094 0	$y=2.7x+0.1959$
氯敌鼠	8	4	1	0.003 1	0.196	0.024 5±0.011 7	$y=3.1349x+10.05$
溴敌隆	8	4	1	0.056 3	3.60	0.636 4±0.038 2	$y=2.7819x+5.5461$
杀他仗	8	5	1	0.124	0.479	0.295 7±0.059 7	$y=6.5192x+8.4658$
大隆	10	5	1	0.014 9	0.238 5	0.063 9±0.024	$y=3.1783x+8.7968$
大隆	8	4	1 次/d×5	0.023 85	0.038 16	0.016 1±0.004 8	$y=5.584x+15.0147$
大隆	8	4	1 次/h×5	0.001 5	0.0120	0.004 2±0.001 5	$y=4.9053x+16.65$
斑蝥粉	6	4	1	363.5	1 000.0	560.5±116.275 7	$y=9.435x-20.9345$
斑蝥素	10	5	1	2.50	2.50	3.517±0.386 7	$y=6.4264x+4.4955$
D 型肉毒素	8	5	1	0.10 万 Mu/kg	1.0 万 Mu/kg	0.487 0±0.227 0	$y=4.20x+6.3125$

杀鼠迷属于第一代抗凝血杀鼠剂，与其他 5 种抗凝血杀鼠剂相比，它对长爪沙鼠的毒力较弱（LD_{50}）为 57.451 3mg/kg。氯敌鼠虽然也是第 1 代抗凝血杀鼠剂，但对长爪沙鼠（LD_{50}）比第 2 代抗凝血杀鼠剂（溴敌隆，杀他仗和大隆）还强。

长爪沙鼠对多种杀鼠剂比较敏感，如大隆对长爪沙鼠的急性 LD_{50} 分别为 0.138 2mg/kg 和 0.81mg/kg。分别是长爪沙鼠 LD_{50} 的 2.16 倍和 12.68 倍。经 t 值测验，t 值分别为 4.25 和 10.08，均大于 3，差异非常显著。又如氯敌鼠对长爪沙鼠的急性 LD_{50} 为 0.024 5mg/kg，而对黑线仓鼠和布氏田鼠的 LD_{50} 分别为 0.604 4mg/kg 和 4.87mg/kg。氯敌鼠对后两种鼠的 LD_{50} 分别是长爪沙鼠 LD_{50} 的 24.67 倍和 199.59 倍，差别均非常显著。又如杀他仗对长爪沙鼠的

LD_{50}为0.295 7mg/kg，而对布氏田鼠LD_{50}为0.87mg/kg，布氏田鼠的LD_{50}是长爪沙鼠的2.94倍。可以看出，长爪沙鼠对抗凝血杀鼠剂是比较敏感的动物，用抗凝血杀鼠剂防治该鼠会有理想的杀鼠效果。

斑蝥粉的毒力对长爪沙鼠较弱，LD_{50}为560.5mg/kg，经提纯后，斑蝥毒素对长爪沙鼠的LD_{50}为3.517mg/kg，属剧毒级，就毒力而言可以作为一种急性杀鼠剂。

D型肉毒素对长爪沙鼠的LD_{50}为0.478万Mu/kg，也属于剧毒。

2. 适口性试验

用无选择性试验，观察长爪沙鼠对几种杀鼠剂的适口性，结果见表6-6。

表6-6　几种杀鼠剂对长爪沙鼠适口性试验

杀鼠剂	组别	实验毒饵或对照饵	死亡数/试验鼠	实验毒饵或对照饵消耗量	摄食系数
杀鼠迷	实验组	0.037 5%杀鼠迷莜麦毒饵	18/20	93	1.0
	对照组	无毒莜麦	0/20	93	
杀他仗	实验组	0.005%杀他仗小麦毒饵	39/40	173	0.994 2
	对照组	无毒小麦	0/40	172	
溴敌隆	实验组	0.005%溴敌隆小麦毒饵	20/20	92	0.948 5
	对照组	无毒小麦	0/20	97	
大隆	实验组	0.005%青稞毒饵	7/20	65	0.59
	对照组	无毒青稞	0/20	110	
大隆	实验组	0.005%大隆青稞毒饵	20/20	92	0.69
	对照组	无毒青稞	0/20	105	
斑蝥素	实验组	0.05%斑蝥素莜麦毒饵	0/10	0.15	0.02
	对照组	无毒莜麦	0/10	30	

由表6-6看出，斑蝥素适口性最差，摄食数仅0.02，几乎不取食。杀鼠迷和杀他仗与对照组的摄食系数几乎相等，适口性很好；溴敌隆的摄食系数为0.948 5，大于0.3，适口性也很好。大隆的适口性较上述3种杀鼠剂的稍差些，但也大于0.3，属于适口性好的范围。长爪沙鼠对氯敌鼠的适口性试验由于当时实验鼠较少而未做，根据野外灭鼠效果看出，适口性也是很好或好。用斑蝥素还作了耐药性和2次中毒试验，虽然无耐药性和2次中毒，但最大的缺点是适口性太差，不具备作为杀鼠剂的最基础条件，故不适于开发为一种新的

杀鼠剂。

3. 现场防治试验

采用9种抗凝血杀鼠剂对长爪沙鼠进行了野外防治试验。采用按洞投饵，每个有效洞口投1g或2g毒饵，灭鼠效果调查方法采用堵洞查盗开洞法，灭鼠效果见表6-7。

表6-7 几种抗凝血杀鼠剂防治长爪沙鼠效果

杀鼠剂及毒饵	每洞投饵（g）	实验洞数	盗开洞数	盗洞系数	灭鼠效率（%）
0.037 5%杀鼠迷毒饵	1	118	11	0.70	86.68±6.26
	2	111	1	0.70	98.91±1.97
0.075%氯敌鼠毒饵	1	126	8	—	93.65±4.34
	2	117	3	—	97.44±2.92
0.022 5%鼠完钠盐小麦毒饵	1	105	6	1.334 8	95.75±3.33
0.045%鼠完钠盐小麦毒饵	1	118	2	1.334 8	98.74±1.73
0.025 鼠完小麦毒饵	1	102	12	1.334 8	91.90±4.59
0.05%鼠完小麦毒饵	1	101	11	1.334 8	93.39±3.13
0.04%杀鼠酮莜麦毒饵	1	136	10	0.70	89.55±5.26
	2	171	12	0.70	89.97±4.63
0.05%敌鼠钠小麦毒饵	1	110	6	0.70	92.21±5.11
	2	110	6	0.71	92.32±6.03
0.005%杀他仗毒饵	1	131	18	—	86.26±6.02
	2	132	20	—	84.85±6.24
0.005%溴敌隆莜麦毒饵	1	140	41	—	70.71±7.69
	2	158	12	—	92.41±4.21
0.005%溴大隆莜麦毒饵	1	127	5	0.71	94.45±4.82
	2	122	0	0.71	100.00±0

用6种第1代抗凝血杀鼠剂和3种第2代抗凝血杀鼠剂防治长爪沙鼠，9种杀鼠剂对长爪沙鼠的灭鼠效果均好，都可以使用。由表6-7看出，就灭鼠效果而言，第2代凝血杀鼠剂并没有表现出比第1代抗凝剂灭鼠效果高，只是浓度比第1代的低，但价格高。在长爪沙鼠未出现抗性种群之前，不宜用第2代抗凝血杀鼠剂防治。

二、斑蝥素防治长爪沙鼠现场试验

3 种不同浓度斑蝥素毒饵防治长爪沙鼠的结果见表 6-8。

表 6-8　斑蝥素防治长爪沙鼠试验

麦毒饵	实验洞数（个）	盗开洞数（个）	灭鼠率（%）
0. 25%斑蝥素	126	93	23. 29±7. 53
0. 5%斑蝥素	165	43	72. 92±7. 21
1. 0%斑蝥素	142	99	27. 54±7. 50

3 种浓度斑蝥素莜麦毒饵灭长爪沙鼠效果均不好，与室内适口性试验结果一致，在室内几乎不取食，而在野外 0. 5%的灭鼠效果可达（72. 92±7. 21）%，可能是春季野外食物少，饥不择食的缘故，0. 25%的灭鼠效果低，是由于毒饵浓度低鼠吃不足致死量的缘故；1%的灭鼠效果差是适口性不好所致。

综上所述，9 种抗凝血杀鼠剂防治长爪沙鼠效果均好，适宜在草原和农田中使用，在未出现抗性种群之前不要使用第二待抗凝血杀鼠剂。D 型肉毒素对长爪沙鼠致死中量比较适中，C 型肉毒素现场防治效果高，适于大面积推广应用。斑蝥素筛选试验其致死中量适中，无耐药性和 2 次中毒，但最大的缺点是适口性太差，故不适宜选为一种杀鼠剂。

三、肉毒梭菌毒素防治长爪沙鼠

C 型和 D 型肉毒梭菌毒素（*Botulin Type* C 和 *Botulin Type* D）是分别由 C 型和 D 型肉毒梭菌（*Closetridium botulrum Type* C 和 *Closetridium botulrum Type* D）产生的蛋白质毒素。是目前已知较强的神经麻痹毒素之一。自 1987 年应用于鼠害防治以来，已对草原常见害鼠高原鼠兔（*Ochotona curzonae*）（沈世英，1987）、高原鼢鼠（*Myospalax baileyi*）（王贵林和沈世英，1988）、布氏田鼠（*Microtus brandti*）（侯希贤等，1990）进行了试验并开展了大面积防治，取得良好的灭鼠效果和显著的经济效益。并相继对农田害鼠棕色田鼠（*Microtas mandarinus*）也进行了防治试验，取得较好的效果。同时对家栖鼠褐家鼠（*Rattus norvegicus*）、小家鼠（*Mus muscurus*）（徐仁权等，1994）也进行了试验，灭效均较好。

1996 年 4 月 24 日至 5 月 2 日，在呼和浩特郊区利用 C 型肉毒素对长爪沙鼠作了现场防治试验。2000 年 8 月作者利用 D 型肉毒素在室内对长爪沙鼠进行了毒力（LD_{50}）测定、适口性试验和耐药性试验。

1. 材料和方法

（1）试验药物。C 型和 D 型肉毒素是江苏省扬州崔氏生物实验所的产品。C 型肉毒素每毫升含 200 万鼠单位，D 型肉毒素每毫升含 1 000 万鼠单位。两型肉毒素均是通过邮局从扬州邮寄至呼和浩特。

（2）试验动物。长爪沙鼠捕自呼和浩特远郊托克托县。捕获鼠经过灭体外寄生虫后，在实验室内正常饲养至少 3d 以上，每天饲喂小米和胡萝卜，选健康成体进行试验。

2. 室内试验方法

（1）致死中量测定。采用简化概率单位法测定。试验组每组 8 只长爪沙鼠，雌雄各 4 只，另设对照组，长爪沙鼠数量和性别与试验组相同。在初测的基础上，选用剂量比为 1. 778 进行插组，灌药前根据每组鼠的体重计算出应灌入浓度，因长爪沙鼠口腔较小，按每千克体重灌入 2mL 计算。给动物灌药时由 2 人操作，将试验鼠装入布袋中，一人右手捏紧袋口，将口袋放在实验台上，左手摸袋中老鼠，驱使鼠头伸至袋口附近时，左手捏住颈部皮肤，右手翻开口袋，露出头部，用布袋裹住鼠的前肢和躯干部，将鼠腹面朝上放入左手中。右手将镊子从犬齿虚位塞入口中，将口撑开，压住舌头。另一人将毒药吸入注射器内（根据鼠体重计算出的量），慢慢地滴入口腔中（一般 4~5 滴），鼠自动吞咽后，放入养鼠笼中，正常饲养 5d，观察中毒症状和死亡情况。灌药时不能用注射针头直接注入胃内，针头万一划破口腔、食道和胃要影响死亡率。因为毒液直接进入伤口后，其死亡速度和死亡率均高于自动吞入的。

（2）适口性试验。本试验为有选择性试验，试验动物 20 只雄雌各 10 只，饲养在 40cm×20cm×22cm 的铁丝笼内，试验前正常饲养 3d，在鼠活动高峰期即 9：00—17：00 进行试验。将无毒小麦（对照饵）和每克含有 2 万鼠单位 D 型肉毒素的小麦毒饵，分别放在两个形状、大小相同的食饵盒内，试验前分别称出它们的重量。将两个食饵盒分别放在养鼠笼的对角处，每隔两小时交换一次位置，试验结束后，立即分别称取毒饵和对照饵的重量，分别计算它们的消耗量。再正常饲养 5d，观察死亡情况。

（3）耐药性试验。利用测致死中量时未死亡的鼠做试验组，用未吃过毒饵的鼠作对照组，分别在两个饲养笼内做饲喂试验。试验毒饵浓度为每克含 2 万鼠单位 D 型肉毒素。试验方法与有适口性试验相同。

3. 现场灭鼠试验方法

（1）毒饵配制。用小麦作诱饵。配每克小麦中分别含有 0. 25 万鼠单位、

0.5 万鼠单位、1.0 万鼠单位和 2.0 万鼠单位 4 种浓度的毒饵，每种浓度各配 1kg。用具有刻度的注射器从含 200 万鼠单位的 C 型肉毒素的母液中分别吸取 1.25mL、2.5mL、5mL 和 10mL 母液，各用 100mL 凉水稀释后，倒入盛有 1kg 小麦的容器内，拌匀浸湿小麦，于投饵前 3 小时配好，备用。

（2）样方设置。每个试验样方内包括长爪沙鼠有效洞口 100～120 个，每个样方之间有 50m 以上的保护带。投饵的前 1d 将样方内所以鼠洞堵塞，相隔 24h 后查盗开洞数，为灭鼠前有效洞数。在有效洞旁 10～20cm 处投撒毒饵 1g，一定要把毒饵撒开，不使成堆，防治牲畜取食。在距样方周围 25m 保护带内的所有鼠洞口旁也投撒与样方内相同浓度的毒饵。

（3）灭鼠效果调查方法。投饵后第 5 天，将试验样方的鼠洞全部堵塞，经 24h 查盗开洞数，为灭后有效洞数，按下列公式计算。

$$\text{灭鼠效果（\%）}=\frac{\text{灭前有效洞数}-\text{灭后有效洞数}}{\text{灭前后有效洞数}}\times 100$$

（4）适口性观察。在鼠活动高峰期，取每种浓度的毒饵分别放在 10 个有效洞口旁，1 个洞旁放 10 粒，置后每 2h 观察 1 次，分别记录 4 种浓度毒饵的取食情况。根据取食的百分率比较其适口性。

4. 结果

（1）D 型肉毒素对长爪沙鼠的毒力测定。每组动物的死亡情况见表 6-9。

表 6-9　D 型肉毒素不同剂量组长爪沙鼠死亡情况

组别（Mu/kg）	鼠数（只）	死鼠数（只）	死亡率（%）
1.0 万	8	8	100.00
0.562 2 万	8	6	75.00
0.316 2 万	8	4	50.00
0.177 8 万	8	2	25.00
0.100 0 万	8	0	0

依据表 6-9 数据，按简化概率单位计算的结果为：D 型肉毒素对长爪沙鼠的致死中量（LD_{50}）为 0.487 0 万 Mu/kg　$SE_{50}=0.103\ 6$。

（2）中毒症状观察。灌药后 5～11h 开始出现中毒症状，主要表现为鼠行动缓慢或身体缩成一团，不取食，体毛竖立，当触动时，身体摇晃慢慢前进，逐渐发展为后肢麻痹，拖着后肢向前爬行，四肢无力，因衰竭在平静中死亡。鼠中毒后未见狂躁不安，死后大多数腹面贴地后肢向后拖出。最晚出现中毒症状不超过48h。中毒未死者在4~5日恢复正常，但体重较灌药前有所下降。

（3）D型肉毒素适口性试验。20只长爪沙鼠自由取食8个小时，共取食无毒小麦9.5g，每克2万Mu的D型肉毒素小麦毒饵20.0g，摄食系数为2.11。经7~24h全部死亡。说明D型肉毒素毒饵对长爪沙鼠的适口性极好。

（4）D型肉毒素耐药性试验。对长爪沙鼠耐药性试验，结果见表6-10。

表6-10　D型肉毒素对长爪沙鼠耐药性试验

组别	试验鼠数（只）	死亡鼠数（只）	食毒饵量（g）	食小麦量（g）	摄食系数
试验组	16	16	14.0	9.0	1.56
对照线	16	16	15.0	5.5	2.73

两组鼠死亡率为100%（7~24h死亡），说明D型肉毒素无耐药性。摄食系数也大于1，鼠乐于取食毒饵。

（5）4种浓度C型肉毒素小麦毒饵灭鼠效果。结果表6-11。

表6-11　4种浓度C型肉毒素小麦毒饵灭长爪沙鼠效果

每克毒饵含C型毒素（Mu/g）	灭前有效洞数（个）	灭后有效洞数（个）	灭鼠率（%）
0.25万	128	1	99.22±1.52
0.50万	124	2	98.39±2.22
1.00万	107	4	96.26±3.60
2.00万	102	0	100.00±0

由表6-11看出，4种浓度C型肉毒素小麦毒饵灭长爪沙鼠效果都很好。0.25万Mu毒饵与2.0万Mu毒饵灭鼠效果没有显著差异，经卡方测验$X^2=0.326<X^2_{0.05}$。这样，大面积防治长爪沙鼠时，就可用0.25万Mu的浓度，可降低灭鼠成本。

（6）C型肉毒素毒饵野外适口性试验。用上述4种浓度的毒饵分别放在10个有效洞口附近约10cm处，每个洞旁放10粒，经过2~6个小时，4种浓度毒饵全部被鼠吃光，说明C型肉毒素毒饵适口性很好。

5. 对C型和D型肉毒素杀鼠剂的评价

C型和D型肉毒素杀鼠剂对长爪沙鼠的毒力适中，中毒作用速度比急性杀鼠剂缓慢，（一般5~48h死亡）；又比慢性杀鼠剂快，不需要多次投饵，具有急性杀鼠剂的优点。中毒症状轻微，死亡前无狂躁现象，不会引起同类间的警觉，未中毒者可继续取食毒饵。C 型和 D 型肉毒素毒饵适口性很好，无耐药性。该药是由大分子蛋白组成，制成毒饵投饵后，在自然界经数日就可降毒或毒力消失，不会对环境造成污染。

C 型和 D 型肉毒素其主要缺点为配制成的毒饵不能长期保存（1 个月以上）。现场配制的毒饵含有一定水分，毒饵新鲜，适口性好，鼠乐于取食，能提高灭鼠效果；投饵后肉毒素毒饵无 2 次中毒现象。

经试验 C 型和 D 型肉毒素对多种鼠有较好的杀鼠效果，可用于防治室内和草原农田栖息的鼠，是比较好的杀鼠剂。南方有的地区黄胸鼠对第 1 代或第 2 代抗凝血剂已产生了抗性（王军建等，2002），正好可用肉毒梭菌毒素来防治抗鼠性。该药使用范围广，市场潜力大，应用前景看好。

第三节　主要害鼠的综合防治

一、黑线仓鼠综合防治

对害鼠的综合防治，近年来日渐引起人们的重视，在全国范围目前还没有一个综合治理鼠害的整体方案；但局部范围内在不同地区、针对不同鼠种而提出的综防技术、措施（或方案）已有报道。如对长爪沙鼠（夏武平等，1982）、黄毛鼠（广东省农科院植保所，1990）、布氏田鼠（侯希贤等，1991）等。涉及黑线仓鼠生态学和药物防治方面的报道已有一些（董维惠等，1985；侯希贤等，1989），但综合防治方面迄今报道较少。从 1984—1990 年，我们分别在呼和浩特地区栽培牧草地，内蒙古自治区正镶白旗天然草地和河南省兰考、温县、民权等县农田，亦开展了这方面的工作。

黑线仓鼠的综合防治，是在对该鼠生活习性、栖息条件、种群数量变动以及周围社会环境、气候等因素综合分析的基础上提出来的，力求简便经济，便于推广。

1. 危害阈值和防治指标

确定危害阈值和防治指标是综防和测报的基础工作，十分重要。有关黄兔尾鼠（孙崇潞等，1986）、高原鼢鼠（陶燕铎等，1990）和黑线姬鼠（王华弟等，1993）曾有报道，而关于黑线仓鼠的危害阈值还未进行研究。

草原、农田灭鼠要考虑经济效益，分析什么时候灭杀最合算。如果灭鼠所需要的经费超过鼠害造成的损失，则此举似无必要。因此，在实践中允许一定量的损失值（在损失允许值之内，可以靠天敌、生态学防治等办法控制鼠数量）。把灭鼠成本与危害值相等的鼠密度定为临界密度，是作出灭鼠决策的最低密度，其相对应的鼠危害称为危害阈值。

黑线仓鼠不冬眠，全年活动，秋季贮存粮食作物和牧草种子过冬；春季主要盗食播下的种子和幼苗，直接影响当年秋季的产量，造成的损失是不可逆的。夏季该鼠以绿色茎、叶为主，相对而言对作物的危害不很严重。在分蘖之前吃掉的部分，还可再生长出，这是因为作物有一定的补偿能力，故对秋季产量的影响不如春季大。秋季该鼠除了日常消费还要为漫长冬季贮粮，而且贮粮过程中糟蹋损失很多。可见，黑线仓鼠对作物的危害具有季节特征，春播和秋收是该鼠危害严重的两个农时；且春、秋季对作物的危害程度还不同，其危害阈值和防治指标也不应一致。

（1）春季危害阈值和防治指标。

①危害阈值。灭鼠成本包括毒饵和人工费。提出下式：

$$E=PS+f/g$$

式中，E 表示灭鼠成本＝元/亩，P 为投饵量＝0.15kg/亩；S 为毒饵价格＝4.0 元/kg；f 为日工资＝10 元/日。工资包括接触药品保健费；

g 为平均日工投饵面积＝50 亩/（日·工）。求得 $E=0.80$ 元/亩

对鼠危害阈值（y）提出下式：

$$y=30mnx$$

式中，m 为每只鼠平均日食量，以 8g 计（即 0.008kg/鼠）；

n 为种子平均单价＝4 元/kg（有的优良原种高于此价；春季鼠糟蹋 1 粒，相当秋季少收 1 穗）；

春季鼠危害期以持续 30d 计（包括播种、萌芽和幼苗阶段）；

x 表示鼠数/亩，则 $y=30\times0.008\times4x=1.96x$

当 $y=E$ 时，$x=0.83f$ 只鼠/亩；此为春季灭鼠的临界密度，即春季危害阈值为每亩 1 只鼠。

②防治指标。生产实践中，在危害阈值时灭鼠没有意义，必须是灭鼠后挽回的损失超过此阈值数倍以上才合算。据我们的经验和调查，在春季定为 3 倍较为合适，故将春季的防治指标定为平均 3 只/亩。

（2）秋季危害阈值和防治指标。

①危害阈值。秋季灭鼠成本与春季的相同，以 0.8 元/亩计。

黑线仓鼠一般从 9 月开始集中贮粮，存粮至少能维持到翌年 3 月，即贮 7 个月的粮食（秋季鼠危害期以持续 210d 计），加上糟蹋的、多贮的，故理论

值应按实际损害的 2 倍计算。

粮食单价为 0.6 元/kg

则 $E=2\times210mnx$

当 $y=E$ 时，$x=0.41$（只/亩）；此为秋季灭鼠的临界密度，即秋季危害阈值为每亩 0.4 只鼠。

②防治指标。秋季灭鼠挽回的损失超过此阈值 3 倍时，0.41×3＝1.31 只/亩，近似为 1.5 只/亩。因此，秋季防治指标应定为平均 1.5 只/亩。

从上述春季、秋季危害阈值和防治指标计算可以看出，春季灭鼠指标是秋季的 2 倍，春季是 3 只/亩，秋季是 1.5 只/亩。根据实践经验，当每亩有黑线仓鼠 2 只左右时，捕获率为 5%~6%。因此，把每亩鼠数换算为捕获率，春季的防治指标捕获率为 8%，秋季为 4%，这与几年来的实践情况相符合（表 6-12）。

表 6-12　黑线仓鼠危害程度分级与综防措施

<table>
<tr><td colspan="3">鼠密度（捕获率）</td><td>3%以下</td><td>3.1%~5%</td><td>5.1%~10%</td><td>10.1%~15%</td><td>15.1%以上</td></tr>
<tr><td rowspan="3">危害程度</td><td colspan="2">草原</td><td colspan="2">未形成危害</td><td>轻度</td><td>中度</td><td>重度</td></tr>
<tr><td rowspan="2">农田</td><td>春</td><td colspan="2">轻度</td><td>中度</td><td>重度</td><td>严重</td></tr>
<tr><td>秋</td><td colspan="2">中度</td><td>重度</td><td>严重</td><td>严重</td></tr>
<tr><td rowspan="3">防治措施</td><td colspan="2">草原</td><td colspan="2">防止草场退化（预防*）</td><td colspan="3">药物灭鼠+围栏育草、合理载畜、灌溉、秋翻，补播等措施改良草场，保护天地（鹰、狐、鼬、蛇、牧羊犬等）</td></tr>
<tr><td rowspan="2">农田</td><td>春</td><td colspan="2">预防局部灭鼠+预防</td><td colspan="3" rowspan="2">药物灭鼠+药物拌种，加强田间管理，少留田埂，及时铲除杂草、灌溉、秋翻、快收割，快打场，植树造林，招引和保护天敌（禁用 2 次中药毒鼠，禁止滥捕购天敌动物）</td></tr>
<tr><td>秋</td><td colspan="2">局部灭鼠+预防</td></tr>
</table>

*除药物灭鼠外，通过加强草地和农田管理，改变生态环境，使之不适合鼠生存、不灭自减，从而达到控制鼠害的目的

2. 药物灭鼠在黑线仓鼠综防中的应用

药物防治仍然是当前农牧区鼠害严重时的主要应急措施，关键在于应该如何做到科学合理的使用。对该鼠我们从药物筛选、毒饵配制、使用浓度、投饵方法等方面已进行了系统的研究。下面扼要提出药物防治黑线仓鼠的标准：

从我们的资料分析，目前大面积防治黑线仓鼠不宜使用磷化锌、灭鼠优和大隆（室内试验溴敌隆和大隆对黑线仓鼠的适口性均好，摄食系数都大于 0.7，毒力也强，主要因国内目前未出现黑线仓鼠抗性种群，不宜提前使用）；

宜用0.1%~0.2%敌鼠钠（牧区用莜麦、农区用玉米面作诱饵）和0.037 5%~0.075%杀鼠迷。在农田鼠密度低时按洞投饵，每洞投急性杀鼠剂0.2~0.3g，慢性杀鼠剂0.5~2.5g。鼠密度高时采用等距离条投（行距5~10m，堆距5~10m，每亩投饵量0.15kg）；也可沿用田埂投饵（1堆/5m，每堆3~5g）；在草原条撒，行距15m，撒饵量0.15kg/亩。小区试验灭效96%~100%，大面积为85%~92%。

经在河南省试验，麦播时用700~1 000倍甲基异硫磷拌种，在防治地下害虫的同时，对黑线仓鼠有较好的兼治作用，拌种田该鼠数量可减少50%以上。

当鼠害严重时，及时采用药物灭鼠，可以控制鼠害，避免对农牧业生产造成严重损失。

3. 生态防治在黑线仓鼠综防中的应用

通过破坏鼠类栖息环境，使不利于鼠生存而预防鼠害发生，是生态学防治的基础。我们在河南省、山西省和内蒙古自治区，对该鼠的生态学防治采取以下措施。

（1）减少田埂、地头荒角、田间坟地和杂草较多的撂荒地，尽量少留或不留永久性田埂。这些都是该鼠最适栖息地。

（2）结合秋灌、秋翻、东闲整地，破坏该鼠越冬地。呼和浩特地区黑线仓鼠洞穴一般在地表下20~40cm。1985年9月下旬，中国农业科学院草原研究所试验场5种栽培草地全部灌水后秋翻一遍，经一个多月，在11月中旬调查时，捕获率从9月中的3%降为1%，致使1986年鼠密度最高只有2%。我们在呼和浩特市郊区连续7年调查，发现黑线仓鼠不在秋季灌水和翻过的田里越冬。在作物生长季节，结合农时进行灌溉，能淹死或造成黑线仓鼠不宜栖息的环境。

（3）勤除草，使杂草不能结籽（狗尾草、猪毛菜等草籽，在没有粮食作物时，也是该鼠冬贮的食料）；除草不仅对作物生长有利，也能减少鼠的栖息。

（4）人工捕挖。当鼠害不严重时，注意动员群众，利用水灌、夹捕、锹挖和秋末挖“耗仓”等，均可在局部收到明显效果。

（5）秋收季节，快收、快运、快打场，减少被鼠盗食机会。

（6）加强管理，防止草场退化，可减少黑线仓鼠的数量。在具备灌溉条件的草场，若能配合施肥、浅耕翻、补播等改良措施，可把草原生态系统维持在良性循环状态，一般不会发生鼠害。

上面提到的一些农牧业生产、管理措施，只要切实做到，既对生产有利，又可预防鼠害发生。据河南省兰考县等地调查，通过精耕细作，加强田间管理，可有效地破坏鼠栖息场所，减少害鼠80%以上。

4. 保护鼠类天敌，开展生物防治

禁用对非动物有毒和二次毒力强的药物灭鼠，已引起学术界、化工部门、鼠药厂家的普遍重视。

防止滥捕、滥杀鼠类天敌动物，合理收购。捕食老鼠的狐、鼬、鹰、蛇等动物均有经济价值。随着人们生态保护意识的开展和野生动物法的颁布，滥捕猎现象有所好转，但切实做到还需要全社会的配合。

近几年随着大面积植树种草、改造自然活动的推进，对保护和招引鼠类天敌起了良好的作用。

5. 建立长期鼠情监测点，预测预报鼠情，及时为综防提供依据

根据我们连续7年的定位观测，提出黑线仓鼠短（1~2月）、中（半年）、长期（1年半）预测模型、准确率在85%以上，可为测报服务。

二、长爪沙鼠的综合防治

有关长爪沙鼠（*Meriones unguiculatas*）在农区的综合防治已有报道（夏武平等，1982），作者从1984年开始至2004年连续调查21年，对该鼠生态进行了系统地研究，特别是该鼠种群数量变动特征、预测预报、防治技术、药物防治等。经过多年实践，提出一整套在牧区和半农半牧区综合防治技术。

1. 长爪沙鼠危害阈值和防治指标

（1）危害阈值。危害阈值是防治鼠害时所需经费与鼠类危害造成损失相等时的密度，即每公顷有多少只鼠。我们的研究发现平均每公顷有鼠23只是长爪沙鼠的危害阈值。

（2）防治指标。实践中，在危害阈值时防治是没有经济意义的。只有灭鼠后挽回的经济损失大于鼠造成的损失时才有价值，因此，防治指标至少为每公顷有鼠30只。

2. 掌握长爪沙鼠主要生态特征提出防治对策

（1）栖息环境的选择。长爪沙鼠主要分布在荒漠和半荒草原上。退化草场是该鼠最适栖息地。喜欢栖息在农牧区交错带的农田田埂，附近的坟地和农村居民区的附近和公路两侧，尤其喜欢在退耕1~3年的荒地里。

（2）食性和食量。长爪沙鼠春夏以植物的绿色部分为主，主要植物有猪主菜、狗尾草、农作物幼苗等。秋季以植物种子为主，取食草籽如大籽蒿，苍耳的种子和各种谷物种子。冬季贮存上述植物的种子和各种粮食如小麦、莜麦

等，可取食多种粮食，其种类与栖息地附近农作物有关。日食量莜麦 5.53g，荞麦 5.4g、胡麻 5.03g（夏武平，1956），用高粱和青菜叶测定的日食量分别为 5.2g 和 13.0g（秦长育，1984）。长爪沙鼠虽食量不大，当数量多时常对农作物和饲料作物造成很大损失。它们还有贮粮习性，每年秋季贮存大量粮食和草籽，每个洞系平均贮粮 15.5kg。

控制长爪沙鼠数量的关键，减少或完全破坏其栖息地，减少喜食的植物种子和贮存食物，使之不能越冬造成长爪沙鼠大量死亡。应做到以下几点。

①减少或完全去掉田间的田埂，或使田埂变窄，田埂是长爪沙鼠最适生境，长爪沙鼠栖息在田埂上，既能随意进入农田中取食，又有良好的栖息环境。

②减少或缩小田间坟地。坟地也是长爪沙鼠最佳栖息环境。坟地长有杂草，秋季结籽是其很好越冬食物。

③发动群众在秋季挖耗仓，把长爪沙鼠仓库中的谷物和草籽全部挖出，使之冬季无食物，无法越冬造成死亡。

④撂荒地是长爪沙鼠最佳生境之一，特别是撂荒 1～2 年的地内，有长爪沙鼠喜食的猪毛菜、苍耳等。近年来半农半牧区实行退耕还草还牧措施，大片的耕地撂荒，为长爪沙鼠提供最佳栖息环境，有大量长爪沙鼠栖息。撂荒面积如离农田较远在 100m 以上。撂荒地成为防止长爪沙鼠危害农田的屏障，作者观察到在撂荒地栖息的长爪沙鼠，一般不进入农田，所以在撂荒地经过几年后一年生植物减少，植被茂密，成为长爪沙鼠不适宜的栖息环境，使长爪沙鼠不灭自减。

⑤近年来为防止沙尘暴发生，很多地方实行免耕法，免耕土地也变成了长爪沙鼠适宜栖息的环境。应每年秋季进行挖耗仓，春季播种前用药物防治，可减少长爪沙鼠在农田中栖息。

3. 掌握长爪沙鼠数量变动规律开展预测预报

长爪沙鼠数量变动属于极不稳定类型。只有通过长期连续调查才有可能掌握它们的变动规律。通过 1984—2004 年在呼和浩特地区调查。发现长爪沙鼠数量变动经过低谷期（1984—1991 年）、上升期（1992—1993 年）、高峰期（1994 年）和下降期（1995—1996 年）以及下一个周期的低谷期（1997—2004 年）。可以看出长爪沙鼠低谷期一般为 9～10 年，上升期 2 年，高峰期 1 年，下降期 2 年，一般完成或一个变动周期为 14～15 年。长爪沙鼠对农田和草地危害发生在上升期和高峰期，它的危害是短期的，一般 2～3 年。高峰期过后数量骤然下降后一直保持不危害 10 余年。

经过多年连续调查建立了短期和长期预测方程，经过实践，预测准确率达80%以上。（详见长爪沙鼠和黑线仓鼠种群数量预测的研究）。每年秋季对翌年春季数量作出预测为防治提供依据。

在长爪沙鼠数量处于低谷期时，在草原上加强草原建设减少载育量，或实行圈养，或轮牧等措施防止草场退化，不利于长爪沙鼠栖息，使长爪沙鼠数量长期保持在低谷期，实现长期持续控制鼠害。

4. 在数量上升期，合理利用一些对环境不污染或污染小的化学杀鼠剂进行防治，防止向高峰期发展

用多种杀鼠剂对长爪沙鼠防治的室内外试验结果表明，它对多种杀鼠剂比较敏感（汪诚信和张万生，1980）（见本书中药物防治长爪沙鼠研究），对目前应用的第1、2代的抗凝血杀鼠剂都很敏感，现场试验杀鼠效果均好。对肉毒梭菌毒素C型和D型也很敏感，现场杀鼠效果也好，并用于大面积防治。

在预测的基础上，在长爪沙鼠数量上升初期利用抗凝血杀鼠剂或肉毒素（C型或D型）进行防治，防止向高峰期发展，达到控制鼠害的目的。

5. 保护鼠类天敌

鼠类的天敌较多，如狐狸、黄鼠狼、艾虎、香鼬、伶鼬以及多种猛兽等，它们能捕食大量的鼠类，对控制鼠类数量有一定作用。目前许多学者认为：天敌虽然不能制止鼠类种群数量爆发，但是，当鼠的数量在其他因素（气候、人为灭鼠等）作用下压低后，在一定的密度范围内，天敌就能起到调控鼠类种群数量的作用。天敌是调节鼠类种群数量的重要因素之一。因此，应大力提倡保护鼠类天敌，严禁乱捕滥杀。

综上所述，对长爪沙鼠应采用综合防治措施，搞清长爪沙鼠生物学和生态特点，掌握种群数量变动规律，开展预测预报，在数量即将上升的初期，在春季利用抗凝血杀鼠剂或C型和D型肉毒素防治，压低鼠密度控制在危害阈值之下，实现鼠害持续控制。长爪沙鼠低谷期一般经过10年以上。在低谷期间加强草原建设，降低载畜量防止草场退化，造成不适宜长爪沙鼠栖息的环境，使之不利于生存，长期保持低密度不致形成危害。此外，禁止乱捕滥杀鼠类天敌。

三、应用不育剂控制害鼠数量

不育剂控制鼠害是利用某种药物或技术使雄性或雌性绝育，或阻碍胚胎着床发育，甚至使胚胎发育中断，从而降低鼠类的出生率，达到控制其种群数量的目的。

不育剂控制鼠害的概念最早是由 Kinpling（1959）提出的。Davis（1961）较早地应用化学不育剂，开展了对褐家鼠种群数量控制的研究。直到 20 世纪 70 年代中期，应用化学不育剂控制鼠害的研究较多，形成热点。之后，由于人们对不育剂控制鼠害的潜力认识不足，认为“与其不育，何必不杀死呢?”从而使之不育剂控制鼠害的研究受到了影响，基本上处于停滞阶段。

到 20 世纪 80 年代中期不育剂的研究又活跃起来，并有两种不育剂已形成商品化，它们分别是 EpiblocR 和 GlxzophroR，在美国、加拿大、印度等国已广泛用于野鼠的控制。20 世纪 90 年代初，在澳大利亚免疫不育技术渗透到鼠类不育控制领域，目前已形成几种鼠类的不育疫苗（林统先和曾缙祥，1988），由于不育疫苗是蛋白质，不会污染环境，易于被人们接受。

我国于 20 世纪 80 年代开始了不育剂控制鼠害方面的研究，先后用醋酸棉酚（张知彬等，1997），α－氯化醇（徐晓红等，2000）、敌鼠钠（陈东平等，2004）、环丙醇类衍生物（徐仁权等，2004）和贝奥等抗雄性不育剂在实验室内和现场试验。

当今，我国的不育剂研究多数处在实验室阶段，随着进一步深入可望会有大的突破。不育剂控制鼠害和杀鼠剂控制鼠害的区别，前者是降低种群的出生率，后者是增加种群的死亡率，其结果一样，都是为了降低鼠害的种群数量。

不育剂的使用也像毒饵法灭鼠一样，要经过口服，也需配成不育剂毒饵，但它是特殊的毒饵。因此，对不育剂的要求标准，多数和经口杀鼠剂相似，它们的差别在于，杀鼠剂要求有足够的毒力，而不育剂，则应当具有较强的绝育作用。

参考文献

巴剑波，方旭东，徐雄利. 2001. 马尔可夫链在海军疟疾疫情预测中的应用［J］. 解放军预测医学杂志，19（2）：114-116.

鲍毅新，诸葛阳. 1984. 社鼠的年龄鉴定与种群年龄组成［J］. 兽类学报，4（2）：127-137.

鲍毅新，诸葛阳. 1986. 黑腹绒鼠生态院研究［J］. 兽类学报，9（4）：297-305.

陈东平，王酉之，杨世枣. 2004. 环丙醇类衍生物不育剂对褐家鼠的控制效果［J］. 中国媒介生物学及控制杂志，15（6）：437-438.

崔振洋，李晓亮，王伟. 1994. 马尔可夫链预测模型及其在农业病虫害预报中的应用［J］. 山西农业大学学报，14（1）：96-98.

董维惠，侯希贤，林小泉，等. 1993. 黑线仓鼠种群数量动态预测研究［J］. 生态学报，13（4）：300-305.

董维惠，侯希贤，杨玉平，等. 2004. 长爪沙鼠种群数量变动特征的研究［J］. 中国媒介生物学及控制杂志，15（2）：88-91.

董维惠，侯希贤，杨玉平. 2003. 鄂尔多斯沙地草场黑线仓鼠种群特征研究［J］. 中国媒介生物学及控制杂志，14（2）：88-91.

董维惠，侯希贤，张鹏利，等. 1991. 灭鼠后布氏田鼠种群特征的研究［J］. 生态学报，11（3）：274-279.

董维惠，侯希贤，周延林，等. 1994. 内蒙古正镶白旗典型草原区鼠类组成及数量变动的研究［J］. 草地学报，2（1）：78-82.

董维惠，侯希贤，杨玉平. 1989. 黑线仓鼠巢区的研究［J］. 兽类学报，9（2）：103-109.

董维惠，侯希贤，张鹏利，等. 1985. 牧草场鼠害调查及防治试验［J］. 中国鼠类防制杂志，1（1）：43-45.

费荣中，李景原，商志宽，等. 1975. 达乌尔黄鼠的生态研究［J］. 动物学报，21（1）：19-20.

冯志勇，黄秀清，颜世祥，等. 2000. 黄毛鼠种群数量中、长期测报模型的研究 [J]. 广东农业科学，(5)：47-49.
葛键. 2000. 马尔可夫链在经济预测上的预测 [J]. 陕西经贸学院学报，13 (4)：97-99.
广东省农科院植保所鼠害防治研究组. 1990. 东莞市角社石涌管理区农田黄毛鼠综合治理技术研究 [J]. 生态科学，(1)：103-109.
何淼，林继球，翁文英. 1996. 板齿鼠种群数量中长期预测的时间序列模型 [J]. 兽类学报，16 (4)：297-302.
何勇，鲍一丹，吴江明. 1997. 随机型时间序列预测方法的研究 [J]. 系统工程理论与实践，17 (1)：36-43.
和希格，刘国柱，李建平. 1981. 赤颊黄鼠的生态初步调查 [J]. 兽类学报，1 (1)：85-91.
侯希贤，董维惠，杨玉平，等. 1993. 呼和浩特地区黑线仓鼠种群动态研究 [J]. 动物学研究，14 (2)：143-149.
侯希贤，董维惠，杨玉平. 2003. 鄂尔多斯沙地草场小毛足鼠种群动态分析 [J]. 中国媒介生物学及控制杂志，4 (3)：177-180.
侯希贤，董维惠，周延林. 1996. 长爪沙鼠种群数量动态及预测初步研究 [C]. 中国有害生物综合治理论文集，北京：中国农业科技出版社，1 052-1 055.
侯希贤，董维惠，周延林，等. 1993. 草原灭鼠后鼠类群落演替的研究 [J]. 中国媒介生物学及控制杂志. 4 (4)：271-274.
侯希贤，董维惠，周延林，等. 1990. C 型肉毒梭菌毒素防制布氏田鼠的试验 [J]. 中国媒介生物学及控制杂志，1 (6)：364-365.
侯希贤，董维惠，周延林，等. 1991. 布氏田鼠综合防制的研究 [J]. 中国媒介生物学及控制杂志，2 (5)：301-304.
侯希贤，董维惠，张鹏利，等. 1989. 呼和浩特栽培牧草地黑线仓鼠生态学的调查 [J]. 中国草地，11 (5)：53-58.
黄孝龙，王治军，于小涛，等. 1985. 用晶体重量测定喜马拉雅旱獭的年龄 [J]. 兽类学报，5 (1)：10-16.
姜运良，卢浩泉，李玉春，等. 1994. 山东阳谷县黑线仓鼠种群数量预测预报 [J]. 兽类学报，14 (3)：195-202.
梁杰荣，肖运峰. 1982. 五趾跳鼠的一些生态资料 [J]. 动物学杂志，4：24-25.

林统先，曾缙祥．1988. 醋酸棉酚对褐家鼠抗生育作用的研究［J］. 兽类学报，8（3）：208-214.
林媛媛．2005. 指数平滑模型在企业综合营销能力评价中的应用［J］. 湖北经济学院学报，3（6）：101-103.
刘振才，王成贵，王琛，等．1990. 达乌尔黄民肥满度的研究［J］. 兽类学报，10（1）：66-70.
吕国强，袁书饮，吕际成．1996. 河南省害鼠及其综合治理［M］. 郑州：河南科学出版社，58-67.
秦耀亮．1981. 黄毛鼠肥满度的研究［C］. 广东省动物学会论文集，90-96.
秦长育．1984. 长爪沙鼠的一些生态资料［J］. 兽类学报，4（1）：43-51.
沈世英．1987. C 型肉毒梭菌毒素杀灭高原鼠兔的研究［J］. 兽类学报，7（2）：147-153.
孙崇潞，郝守身，范福来，等．1986. 黄兔尾鼠防治中经济阈值的探讨［J］. 动物学报，32（1）：86-91.
孙儒泳，郑生武，崔瑞贤．1982. 根田鼠巢区的研究［J］. 兽类学报，2（2）：219-231.
陶燕铎，樊乃昌，景增春．1990. 高原鼢鼠对草场的危害及防治阈值的探讨［J］. 中国媒介生物学及控制杂志，1（2）：103-106.
汪诚信，边志强，张万生，等．1990. 消灭长爪沙鼠进一步研究［M］. 见汪诚信著灭鼠技术与策略，北京：中国科学技术出版社，106-122.
汪诚信，张万生．1980. 长爪沙鼠的化学防制［J］. 中华流行病学杂志，1（1）：49-53.
王贵林，沈世英．1988. C 型肉毒梭菌毒素杀灭高原鼢鼠的初步研究［J］. 兽类学报，8（1）：76-77.
王华弟，罗会华，汪恩国，等．1993. 长江流域稻区黑线姬鼠发生动态与防治指标研究［J］. 中国农业科学，26（6）：36-43.
王军建，陈立奇，龙浩宇．2002. 黄胸鼠对抗凝血灭鼠剂交叉抗药性试验观察［J］. 中国媒介生物学及控制杂志，13（3）：169-171.
王军建，陈立奇，周纯良，等．2002. 黄胸鼠对杀鼠灵和溴敌隆抗药性调查报告［J］. 中国媒介生物学及控制杂志，13（1）：7-9.
王启明，孙惠文，徐道一，等．1974. 地震迁移的统计预报［J］. 数学学报，17（1）：5-19.
吴德林，邓向福，王光焕，等．1987. 中华姬鼠的研究［J］. 兽类学报，7

（2）：140-146.
吴德林，罗明澍，嵇美容，等 . 1978. 蒙古黄鼠巢区的研究［J］. 灭鼠和鼠类生物学研究报告第 3 集：95-105.
武文华，付和平，武晓东，等 . 2007. 应用马尔可夫链模型预测长爪沙鼠和黑线仓鼠种群数量［J］. 动物学杂志，42（6）：69-78.
武文华，付和平，武晓东，等 . 2007. 应用时间序列分析法预测黑线仓鼠和长爪沙鼠种群数量［J］. 内蒙古农业大学学报，28（4）：6-11.
夏武平 . 1961. 大林姬鼠种群数量与巢区研究［J］. 动物学报 13（1-4）：171-182.
夏武平，龙志 . 1978. 湖北长阳黑线姬鼠种群与巢区的一些生态学资料［C］. 灭鼠和鼠类生物学研究报告第 3 集：85-94.
夏武平，王文滨 . 1956. 长爪沙鼠的研究及其危害秋收的观察［J］. 农业学报，7（2）：231-237.
夏武平，廖崇惠，钟文勤，等 . 1982. 内蒙古阴山北部农业区长爪沙鼠的种群动态及其调节的研究［J］. 兽类学报，2（1）：57-71，126.
夏武平，孙崇潞 . 1963. 红背䶄肥满度的研究［J］. 动物学报，15（3）：33-43.
夏武平，孙崇潞 . 1964. 大林姬鼠肥满度的研究［J］. 动物学报，16（4）：555-556.
肖庭延 . 1993. 实用预测技术及应用［M］. 武汉：华中理工大学出版社 .
徐仁权，孙红专，李胜林，等 . 2004. 贝奥雄性抗生育剂在鼠类控制中的作用研究［J］. 中国媒介生物学及控制杂志，15（3）：199-202.
徐仁权，祝龙彪，钱文祥，等 . 1994. C 型肉毒梭菌毒素现场灭家栖鼠效果研究［J］. 中国媒介生物学及控制杂志，5（6）：461-462.
徐晓红，樊乃昌，章子贵 . 2000. 敌鼠钠对大鼠睾丸的毒性作用［J］. 中国媒介生物学及控制杂志，11（4）：248-250.
严志堂 . 1983. 小家鼠的肥满度研究［J］. 兽类学报，3（2）：173-180.
张赫武，郑一明 . 1965. 春季黄鼠生态的一些观察［J］. 动物学杂志，（2）：62-65.
张洁，钟文勤 . 1979. 布氏田鼠种群繁殖的研究［J］. 动物学报，25（3）：250-259.
张洁 . 1986. 北京大兴地区黑线仓鼠种群繁殖生态的研究［J］. 兽类学报，6（1）：45-56.

张知彬，王淑卿，郝守身，等 . 1997. α –氯化醇对雄性大仓鼠不育效果观察［J］. 兽类学报，17（3）：232–233.

张知彬，朱靖，杨荷芳 . 1991. 中国啮齿类繁殖参数的地理变异［J］. 动物学报，37（1）：36–47.

张知彬 . 1996. 鼠类种群数量的波动与调节［C］. 鼠害治理的理论与实践，北京：科学出版社，145–165.

张志强，王德华 . 2004. 型哺乳动物种群周期性波动的自我调节假说［J］兽类学报，24（3）：260–266.

赵肯堂 . 1996. 长爪沙鼠的生态观察［J］. 动物学杂志，4（4）：155–157.

赵肯堂 . 1982. 五趾跳鼠的生态调查［J］. 动物学杂志，5：18–21.

郑生武，孙儒泳 . 1982. 啮齿动物巢区面积估计法［J］. 兽类学报，2（1）：95–103.

中国科学院动物研究所生态室一组 . 1979. 布氏田鼠巢区的研究［J］. 动物学报，25（2）：169–175.

钟明明，严志堂 . 1984. 灰仓鼠肥满度的研究［J］. 兽类学报，4（4）：273–280.

周庆强，钟文勤，孙崇潞 . 1985. 内蒙古阴山北部农牧区长爪沙鼠种群适应特征的比较研究［J］. 兽类学报，5（1）：25–32.

周庆强，钟文勤，孙崇潞 . 1982. 内蒙古白音锡勒典型草原区鼠类群落多样性研究［J］. 兽类学报，2（1）：88–94.

周庆强，钟文勤 . 1992. 密度因素在布氏田鼠种群的调节作用［J］. 兽类学报，12（1）：49–56.

周延林，王利民，鲍伟东，等 . 1999. 子午沙鼠种群繁殖分析［J］. 兽类学报，19（1）：62–67.

朱盛侃，陈安国 . 1993. 小家鼠生态特征与预测［M］. 北京：科学出版社，25–29.

朱盛侃，陈安国，严至堂，等 . 1981. 新疆北部农业区鼠害的研究（五），北疆塔西河农业区小家鼠数量变动趋势［C］. 灭鼠与鼠类生物学研究报告，（4）：48–68.

朱盛侃，秦知恒 . 1991. 安徽淮北地区大仓鼠和黑线仓鼠种群动态的研究［J］. 兽类学报，11（2）：99–108.

Brown J H. 1973. Species diversity of seed–eating desert rodents in sand dune habitats［J］. Ecology，54：775–787.

Davis D E. 1961. Principles for population control by gametocides [J]. Traws N. Am. Wildl. Conf., 26: 160-166.

Grant p p. 1972. Interspesific competion among rodents [J]. Annual Review Ecology and System, 3: 106.

Hafner M S. 1997. Density and diversity in Mojave Desert rodent and shrub community [J]. Journal of Animal Ecology, 46: 925-938.

Hayne D W. 1949. Two methods for estimating population from trapping records [J]. Journal of Mammalogy, 30 (4): 399-411.

Millar S E, Chamow S M, Baur A W, et al. 1989. Vaccination with a synthetic zona pallucida peptid produces Long-term contraception in female mice [J]. Science, 246: 935-938.

O'Farrell M J. 1978. Home range dynamics of rodents in a sagebrush community [J]. Journal of Mammalogy, 59 (4): 657-668.

Sanderson G C. 1966. The study of mammal movements-a review [J]. Journal Wildlife Management, 30: 215-235.

Stenseth N C, Framstad E. 1980. Reproductive effort and optimal reproductive rates in small rodents [J]. OIKOS, 34: 23.

Stickel L F. 1954. A comparison of certain methods of measuring ranges of small mammals [J]. Journal of Mammalogy, 35: 1-15.

Yabe T. 1979. Eye lens weight as an age indicator in the Norway rat [J]. J. Mamm. Soc. Jap., 8 (1): 54-55.